FORSCHERHANDBUCH FÜR GEOCACHER

FORSCHER-HANDBUCH FÜR GEOCACHER

Ravensburger Buchverlag

Inhalt

Mystery-Caches

Draußen im Wald

Anhang

Was ist Geocaching?

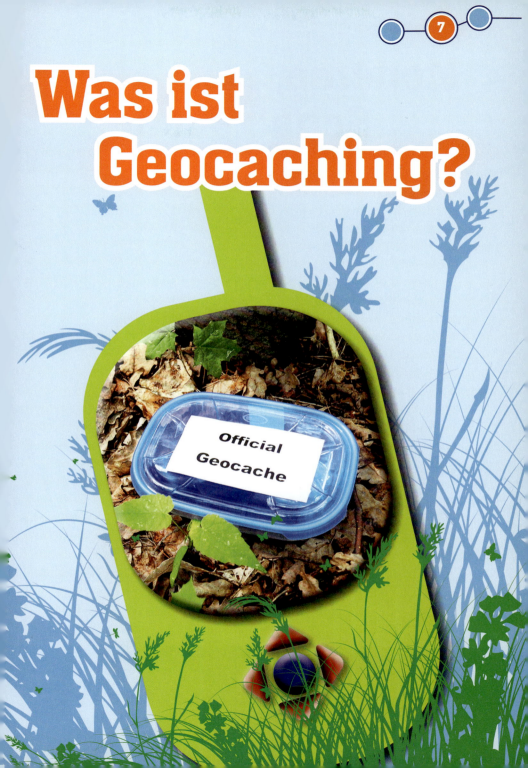

Moderne Schatzsuche

Geocaching ist der Name für eine neue Form der Schatzsuche mithilfe eines GPS-Gerätes. Die Fundstücke nennt man „Geocache“ (gesprochen: *Geokäsch*), meist benutzt man aber den abgekürzten Begriff „Cache“ (deutsch Versteck; gesprochen: *Käsch*).
Jeder, der beim Geocaching mitmacht, ist ein Schatzsucher, oder „Geocacher“. Bei dem Spiel Geocaching legen die Mitspieler sich also gegenseitig die Schätze aus und suchen die der anderen.

Schon gewusst?

Das Wort Geocaching (gesprochen: *Geokäsching*) setzt sich aus dem griechischen Wort *Geo* (Erde) und dem englischen Wort *to cache* (verstecken; gesprochen: *tu käsch*) zusammen.

Mittlerweile gibt es auf der ganzen Welt viele Caches. Sie warten darauf, von dir entdeckt zu werden. Ganz bestimmt gibt es auch einige ganz in deiner Nähe.

Caches werden meist in der Natur versteckt.

Geocaches findest du
in unterschiedlichen
Formen und Größen.
OFFICIAL
GEOCACHE

Was ist ein Cache?

Das Versteck eines Caches kann man mithilfe eines ➡ **GPS-Geräts** und mittels ➡ **Koordinaten** finden. Die notwendigen Informationen für die Suche werden auf einer Internetseite veröffentlicht.

Wenn man den Cache gefunden hat, schreibt man das auch wieder auf die Internetseite. So können andere Cacher sehen, welche Verstecke du schon entdeckt hast. Außerdem siehst du auf einen Blick, welche Schätze du bereits gefunden hast.

In einem Versteck befindet sich ein verschließbarer Plastikbehälter, der möglichst wasserdicht sein sollte. Darin liegt ein ➡ **Logbuch**, in das jeder Finder seinen ➡ **Nickname** einträgt. Wenn der Cache-Behälter sehr klein ist, hat oft nichts anderes außer dem Logbuch darin Platz.

Oft führt dich deine Suche nach Caches an ganz ungewöhnliche Orte. Verstecke können sich überall befinden: im Wald unter Steinen und Baumwurzeln, an Flussufern, Picknickplätzen oder in Mauerritzen. Aber auch in der Stadt findest du viele Geocaches – und es werden von Tag zu Tag mehr!

Schon gewusst? Weltweit gibt es ungefähr 5 Millionen Geocacher und fast 2 Millionen Caches!

Wie ist Geocaching entstanden?

Das Global Positioning System wurde vom amerikanischen Verteidigungsministerium für militärische Einsätze entwickelt. Der Amerikaner Dave Ulmer versteckte am 3. Mai 2000 den ersten Cache in den Wäldern bei Portland (USA) und veröffentlichte die Position des Versteckes im Internet. Noch am gleichen Tag wurde es gefunden.
Das neue Hobby begeistert weltweit unzählige Menschen. Sehr schnell entstand auch der Name Geocaching und es wurden Regeln für die moderne Schatzsuche entwickelt.
Im September 2000 startete die weltweit wichtigste Internetseite für alle Geocacher www.geocaching.com.

Faszination Geocaching

Geocaching ist ein tolles Hobby. Es macht Spaß, weil du viel an der frischen Luft und in der Natur bist. Du lernst neue Orte kennen, an die du sonst vielleicht nie gekommen wärst. Wenn du auf deiner Schatzsuche mit offenen Augen durch den Wald streifst, kannst du vielleicht sogar seltene Tiere oder Pflanzen sehen.
Außerdem bist du über das Internet mit vielen Menschen vernetzt, die dasselbe Hobby teilen. Du kannst dich mit ihnen über deine Suche oder Erfahrungen austauschen, bekommst Tipps für weitere Schatzsuchen und wirst immer wieder auf neue Ziele aufmerksam. So wird es dir sicher nie langweilig.

Ein GPS-Gerät gibt dir die genauen Koordinaten deines Standorts an. Es gibt viele unterschiedliche Modelle. Erkundige dich im Fachhandel.

Was bedeutet GPS?

GPS ist die Abkürzung für Global Positioning System. Gibst du in ein ➡ **GPS-Gerät** die ➡ **Koordinaten** des versteckten Schatzes ein, nimmt das Gerät Funkkontakt zu Satelliten in der Umlaufbahn der Erde auf. Der Satellit funkt sofort eine Positionsbestimmung an dein Gerät zurück. Das ➡ **GPS-Gerät** zeigt dir dann auf der Anzeige (Display) die Entfernung und Richtung zum Versteck an. Viele neue Handys haben einen eingebauten ➡ **GPS-Empfänger**. Auch mit diesen Geräten lassen sich sehr leich Geocaches aufspüren.

Das GPS-Gerät

GPS-Geräte erhältst du in Outdoor-Geschäften oder im Elektrohandel. Lass dich am besten mit deinen Eltern fachkundig beraten und teste im Geschäft verschiedene Geräte. Hier findest du einige Tipps, auf die du achten solltest:

Gehäuse: Das Gehäuse muss robust sein, damit es nicht gleich beim ersten Sturz auf den Boden kaputtgeht.

Bedienung: Das Gerät sollte eine deutschsprachige Menüführung haben.

Empfang: Ein guter Empfang und ständige Positionsbestimmung sind besonders im Wald sehr wichtig.

Was sind Koordinaten?

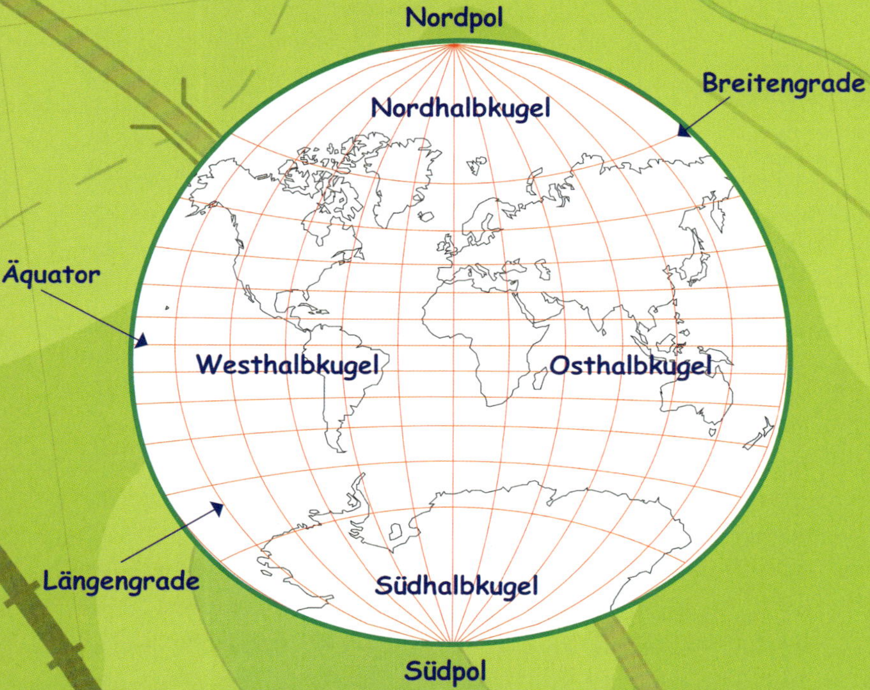

Damit man die Lage eines Ortes auf der Erdkugel ganz genau bestimmen kann, nutzt man ein sogenanntes „Gradnetz“. Es besteht aus 360 Längengraden und 180 Breitengraden. Die Längen- und Breitengrade sind als feine Linien auf Karten und Globen eingezeichnet. Sie dienen dazu, die Erdkugel einzuteilen, zum Beispiel in die Süd- und die Nordhalbkugel. Die Längengrade verlaufen senkrecht. Sie teilen die Erde vom Nord- zum Südpol. Die Breitengrade hingegen verlaufen waagerecht um den ganzen Erdball. Einer dieser Breitengrade ist der Äquator. Er liegt genau in der Mitte der Erde und trennt die Nordhalbkugel von der Südhalbkugel.

Die Längen- und Breitengrade werden in „Grad“ gezählt. „Grad“ kürzt man mit dem Zeichen ° ab. Die Zählung der Breitengrade beginnt beim Äquator, der die geografische Breite „0°“ hat. Der dem Äquator nächstgelegene Breitengrad hat 15°, der nächste 30°, der nächste 45° und so fort. Die Breitengrade liegen 111 Kilometer voneinander entfernt. Die Stadt Mainz liegt beispielsweise genau auf dem 50. Breitengrad! Auch die Längengrade werden, von Nord nach Süd verlaufend, so gezählt. Diese Gradangaben nennt man „Koordinaten“.

TIPP

Kennst du die Koordinaten deines Wohnorts? Um sie zu bestimmen, brauchst du einen Atlas. Suche in dem Atlas die Seite, auf dem dein Heimatort oder die nächstgrößere Stadt eingezeichnet ist. Suche nach den feinen Linien der Längen- und Breitengrade. Trage hier die Koordinaten ein, die du im Atlas gefunden hast:
Hier wohne ich:

N _ _°
E _ _ _°

Um die geografische Lage eines Ortes zu bestimmen, benötigst du also zwei ➡ **Koordinaten**: den Breitengrad und den Längengrad.
Vor der ➡ **Koordinate** des Breitengrades steht ein N für *North* (deutsch Norden) oder ein S für *South* (deutsch Süden), je nachdem, ob sich der Ort auf der Nord- oder der Südhalbkugel befindet. Für die Koordinate des Längengrades gibt man an, ob die Ost- oder die Westhalbkugel gemeint ist. E für *East* (deutsch Osten) und W für *West* (deutsch Westen).
Beim Geocaching ist es wichtig, diese Koordinaten zu kennen.

Schon gewusst?

Die Koordinaten, die du beim Geocaching brauchst, müssen natürlich viel genauer sein, als die Gradzahlen, die du im Atlas findest. Deswegen folgen nach der Angabe des Längen- bzw. Breitengrades meist noch weitere Ziffern.
Das Brandenburger Tor in Berlin hat beispielsweise die Koordinaten N 52° 23.973 und E 13° 2.886.

Einen Kompass benutzen

Es kann manchmal vorkommen, dass dein ➡ **GPS-Gerät** kein Satellitensignal mehr empfangen kann, zum Beispiel wenn das Blätterdach im Wald sehr dicht ist. Deswegen ist ein Kompass oft ein wichtiges Hilfsmittel.

TIPP

Sollte dein Kompass nicht mit Norden, Süden, Westen und Osten beschriftet sein, dann merk dir einfach:
0° = Norden
90° = Osten
180° = Süden
270° = Westen

So funktioniert ein Magnetkompass

Ein Magnetkompass zeigt die vier Himmelsrichtungen Norden, Süden, Westen und Osten genau an. Die wichtigsten Bestandteile eines Kompasses sind die magnetische Nadel, eine Scheibe mit den Zahlen 0 bis 359 und ein Gehäuse. Die Nadel wird nach dem Magnetfeld der Erde ausgerichtet und zeigt nach Norden. In der Nähe von Stromleitungen solltest du vorsichtig sein, da es durch das elektrische Feld zu Abweichungen kommt. Wenn du weißt, wo Norden ist, kannst du alle anderen Himmelsrichtungen ablesen. Die vier bekannten Himmelsrichtungen sind aber nur eine grobe Einteilung. Deshalb hat man die Himmelsrichtungen in 360 Grade (°) eingeteilt.

Mit Karte und Kompass durchs Gelände

Wenn du den Kompass mit ruhiger Hand hältst oder auf den Boden legst, zeigt die Nadel nach Norden. Nun lege deine Landkarte so auf den Boden, dass ihr oberes Ende nach Norden zeigt. Jetzt kannst du dir einen Überblick verschaffen, wie die Wege verlaufen und den günstigsten für dich heraussuchen.

Geocacher werden

Auf der Suche nach dem Schatz

Kannst du dir eine Schatzsuche ohne Schatz vorstellen? Natürlich nicht, denn ohne einen tollen Schatz macht die Suche keinen Spaß! Vielleicht hast du ja schon einmal an einer Schatzsuche oder einer Schnitzeljagd auf einer Geburtstagsfeier oder in der Schule teilgenommen? Deine Eltern, ein Lehrer oder die Freizeitbetreuer haben den Schatz für euch versteckt.
Aber wer versteckt eigentlich die Schätze, die du beim Geocaching finden kannst?

TIPP

Geocachen ist ein beliebtes Hobby gerade für Kinder. Frag doch einmal bei deinen Freunden nach, vielleicht hat jemand schon Erfahrung bei der Schatzsuche und kann dir für den Anfang wertvolle Tipps geben.

Die Schatzsuche beginnt im Internet

Mehrere Millionen Menschen auf der ganzen Welt haben Geocaching als Hobby. Da diese vielen Menschen sehr weit voneinander entfernt wohnen, können sie sich natürlich nicht persönlich treffen, um Schatzkarten auszutauschen.
Wie kannst du erfahren, wo die Schätze in deiner Umgebung, an deinem Urlaubsort oder in der nächsten Stadt versteckt sind?
Das Internet liefert dir dafür alle notwendigen Informationen: Jeder, der einen Schatz versteckt hat und die anderen auf die richtige Fährte locken möchte, hinterlässt alle wichtigen Hinweise auf einer speziellen Internetseite.
In diesem Buch verweisen wir auf die bekannte Internetseite www.geocaching.com. Diese Internetseite wird von Geocachern auf der ganzen Welt verwendet.

So wirst du ein Geocacher

Wenn du beim Geocaching mitmachen möchtest, musst du dich im Internet auf einer Geocaching-Seite als Teilnehmer anmelden. Eine tolle Sache dabei: Du darfst dir einen Spitznamen ausdenken, zum Beispiel GPSTiger – deiner Fantasie sind dabei keine Grenzen gesetzt. Damit unterschreibst du im Internet deine Nachrichten und die anderen Cacher sprechen dich nur mit diesem Namen an. Dieser Fantasiename heißt im Internet ➡ **Nickname**. So ein Nickname ist spannend und geheimnisvoll!

TIPP Auf den nächsten Seiten wird dir erklärt, wie du Mitglied auf der Geocaching-Homepage wirst. Lass dich dabei unbedingt von deinen Eltern unterstützen! Sie können dir bei Fragen weiterhelfen und verhindern, dass du versehentlich auf Internetseiten gerätst, die für Kinder nicht geeignet sind oder die etwas kosten.

Die wichtigsten Geocaching-Internetseiten

Um auf einen Cache und dessen Beschreibung zugreifen zu können, musst du dich zuerst auf einer Geocaching-Seite im Internet anmelden. Mittlerweile gibt es mehrere Geocaching-➡ **Datenbanken.** Die drei wichtigsten Geocaching-Internetseiten stellen wir dir hier vor. Am besten schaust du sie dir zusammen mit deinen Eltern an. So fällt dir die Entscheidung leichter, wo du dich anmelden möchtest.

www.geocaching.com

Mit über 5 Millionen Mitgliedern und über 2 Millionen Caches auf der ganzen Welt ist www.geocaching.com die größte Geocache-➡ **Datenbank**.

Die Internetseite ist zwar in englischer Sprache angelegt, die meisten Seiten kannst du aber auf Deutsch umstellen. Die Anmeldung, die Suche nach Caches und auch das Loggen oder Einstellen von eigenen Caches sind sehr übersichtlich gestaltet. Mit der Bezahlung eines Jahresbeitrags kann man auch eine Premium-Mitgliedschaft abschließen. Der Vorteil dabei ist, dass du dir Dateien mit Caches im Umkreis um einen von dir ausgewählten Ort zuschicken lassen kannst. Diese kannst du anschließend direkt auf das GPS-Gerät übertragen. Außerdem kannst du dich über neu eingestellte Caches in deiner Umgebung per E-Mail benachrichtigen lassen. Allerdings solltest du für den Anfang erst einmal die kostenlose Mitgliedschaft testen.

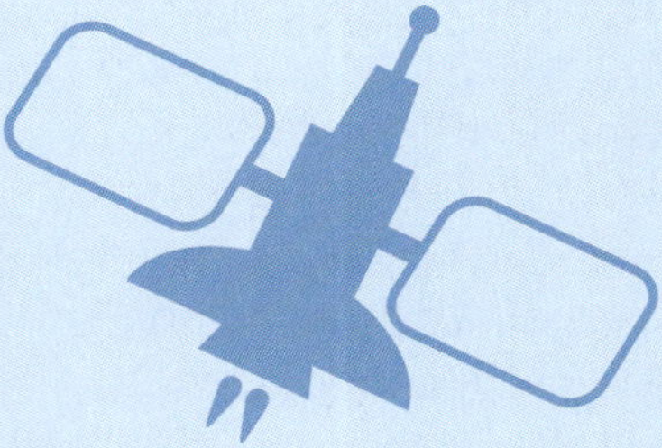

ELTERN-TIPP

Helfen Sie Ihrem Kind unbedingt bei der Anmeldung! So können Sie gemeinsam den richtigen Umgang mit dem Medium Internet üben.

www.opencaching.de

Die Seite ist in deutscher Sprache aufgebaut und mit einigen tausend Caches in Deutschland, Österreich und der Schweiz überschaubar. Ein Großteil der Caches ist identisch mit Caches auf www.geocaching.com. Die Internetseite ist sehr übersichtlich aufgebaut und einfach zu bedienen. Für den Anfang also eine sehr gute Alternative.

www.navicache.com

Auch auf dieser Internetseite findest du mehrere tausend Caches in Deutschland, Österreich und der Schweiz. Die Seite ist hauptsächlich auf Englisch geschrieben und der Seitenaufbau ist etwas unübersichtlicher als derjenige der beiden anderen Websites.

So meldest du dich an

Als erstes musst du deine Eltern fragen, ob sie damit einverstanden sind, dass du dich im Internet für das Geocachen anmeldest. Bitte deine Mutter oder deinen Vater, dir bei der Anmeldung auf der Internetseite zu helfen.
Rufe dann im Internet die Seite www.geocaching.com auf.
Die Sprache dieser Seite ist Englisch. Ganz unten auf der Seite kannst du die Sprache ändern. Dafür wählst du hinter den Worten Choose Your Language das Feld Deutsch aus.
Wenn du ab sofort öfters Geocachen gehst, wirst du dich schnell an die häufigsten englischen Wörter gewöhnen. Viele Begriffe findest du auch in den Worterklärungen am Ende dieses Buches.
Wähle nun die Schaltfläche Registrieren oben rechts an.
Nun musst du verschiedene Informationen eingeben.
Der * bedeutet, dass du diese Informationen eingeben musst, wenn du dich anmelden willst.

1 Benutzername

Zuerst suchst du dir aus, wie du in der Cacher-Welt genannt werden willst. Trage hier deinen neuen ➡ **Nickname** ein:

____

Schreibe den Namen zuerst mit Bleistift auf, denn wenn ein anderer Cacher schon dieselbe Idee hatte wie du, musst du ihn noch einmal ändern. Jeden ➡ **Nickname** gibt es nur ein einziges Mal auf der Welt!

2 Passwort

Es besteht aus Buchstaben und Zahlen und schützt deine Daten im Internet. Dieses Passwort solltest du geheimhalten. So kann sich niemand für dich ausgeben. Ein sicheres Passwort sollte sowohl Groß- und Kleinbuchstaben als auch Zahlen und Sonderzeichen (zum Beispiel Satzzeichen) enthalten. Eine gute Möglichkeit, ein sehr sicheres Passwort zu erstellen, ist folgende:

Denke dir einen lustigen Satz aus, in dem mindestens eine Zahl vorkommt, zum Beispiel „In meiner Badewanne tanzt 1 GPSTiger Tango!" Die Anfangsbuchstaben, Zahlen und Satzzeichen ergeben zusammen das Passwort: ImBt1GT!

3 Passwort wiederholen

Hier musst du dasselbe Passwort noch einmal eintippen. Wenn du einen Tippfehler machst, merkt der Computer das sofort.

4 E-Mail-Adresse

In dieses Feld musst du deine E-Mail-Adresse eintragen. Schreibe sie hier noch einmal zur Erinnerung auf:

____

5 E-Mail-Adresse wiederholen

Auch die E-Mail-Adresse musst du zum Schutz vor Tippfehlern wiederholen.

6 Name eintragen

Schreibe in die entsprechenden Felder deinen Vor- und Nachnamen. Diese werden von www.geocaching.com nicht an andere Cacher weitergegeben.

ELTERN-TIPP

Achten Sie darauf, dass Ihr Kind im Internet keine persönlichen Daten preisgibt wie zum Beispiel Name und Adresse, Geburtsdatum oder die Telefonnummer. Außerdem sollten Benutzernamen oder E-Mail-Adressen von Kindern nie den Geburtsjahrgang oder Begriffe wie „Engelchen" oder „kleine Maus" enthalten. So schützen Sie Ihr Kind vor Datenmissbrauch und Belästigungen.

7 Information gewünscht?

Hier entscheidest du, ob du regelmäßig Informations-E-Mails von www.geocaching.com bekommen möchtest oder nicht.

8 Datenschutzbelehrung

Die Datenschutzbelehrungen und Nutzungsbedingungen können nur in englischer Sprache angezeigt werden. Deshalb ist es sehr wichtig, dass du sie gemeinsam mit deinem erwachsenen Helfer durchliest. Wenn ihr damit einverstanden seid, setzt ihr ein Häkchen in das entsprechende freie Kästchen. Falls du dich nicht damit einverstanden erklärst, kannst du dich nicht bei www.geocaching.com anmelden.

Nun ist es fast geschafft!
Wenn du all diese Informationen eingegeben hast, siehst du unten zwei Schaltflächen. Erweitern auf Premium bedeutet, dass du dir einen kostenpflichtigen Zugang anlegst. Das ist für den Anfang aber nicht notwendig. Zunächst reicht eine kostenlose Mitgliedschaft völlig aus. Deshalb klickst du also auf Erstelle meinen Account. Du bekommst nun an die von dir angegebene E-Mail-Adresse eine E-Mail geschickt. Der Text der E-Mail ist leider nur auf Englisch, aber mit deinem erwachsenen Helfer schaffst du es sicher leicht. In der E-Mail befindet sich ein Link, also eine Weiterleitung, die dich wieder auf die Internetseite von www.geocaching.com führt. Dort musst du deine Anmeldung bestätigen (englisch *Validate your Account*). Bei *Username* musst du deinen Benutzernamen eingeben. Der *Validation Code* (Bestätigungs-Code) steht in der E-Mail und muss nur einmalig eingegeben werden. Wenn du nun auf Activate Your Account (deutsch Dein Benutzerkonto aktivieren) klickst, kannst du dich anmelden. Dafür klickst du rechts oben auf Anmelden und gibst deinen Benutzernamen und das Passwort (dieses Mal das Passwort, das du auf dem Anmeldebogen angegeben hast) ein. Dann klickst du auf Anmelden. Rechts oben siehst du deinen Benutzernamen stehen. Nun kannst du loslegen!

Nicht vergessen!
Denk daran, dich nach deinem Besuch auch immer wieder abzumelden, damit du deine Daten schützt. Dazu klickst du rechts oben neben deinem Benutzernamen, auf Abmelden.

Finde einen Cache in deiner Stadt

Auf www.geocaching.com findest du rechts oben den sogenannten ➡ **Login-Bereich**. Du klickst auf Anmelden und gibst in die entsprechenden Felder deinen Benutzernamen und dein Passwort ein. Dann klickst du auf Anmelden. Unter der Rubrik Spielen wählst du die Schaltfläche Einen Cache suchen & verstecken. Hier kannst du entweder in das Feld nach Adresse den Namen deiner Stadt eingeben oder du suchst mithilfe deiner Postleitzahl, die du in das Feld nach Postleitzahl eingibst. Die restlichen Felder lässt du frei und klickst auf Go.

Mein erster Cache

Nun erscheint eine Liste mit Caches in deiner Umgebung. Klicke einen davon an. Es öffnet sich ein Fenster mit Informationen über den Schatz. Auf dieser Seite findest du im unteren Bereich auch Nachrichten von den Cachern, die den Schatz schon gefunden haben. Eine kleine Schatzkarte zeigt die Lage des Caches an. Die Cache-Beschreibung druckst du dir entweder aus oder notierst dir die wichtigen Informationen in einer Tabelle. Auf den nächsten Seiten wird erklärt, worin sich Caches unterscheiden.

Mein erster Cache

Name des Caches:	
Koordinaten:	N _ _ ° _ _ . _ _ _ E _ _ _ ° _ _ . _ _ _
Größe des Schatzbehälters:	
Der Schatz liegt in oder in der Nähe der folgenden Stadt:	
D-Wertung (Schwierigkeit):	
T-Wertung (Gelände):	
Zusätzliche Hinweise:	

ELTERN-TIPP

Begleiten Sie Ihr Kind unbedingt auf seinen ersten Touren, damit es sich mit den Gegebenheiten des Geocachings vertraut machen kann. Weisen Sie es auf mögliche Gefahren hin (zum Beispiel beim Überqueren von Straßen oder bei der Suche im Wald). Vielleicht finden Sie ja auch Gefallen an dem neuen Hobby Ihres Kindes!

Lerne deinen Cache kennen

Jeder Cache hat eine eindeutige Kennzeichnung, die aus Zahlen und Buchstaben besteht und immer mit den Buchstaben GC beginnt. Dies bezeichnet man als GC-Code. So kannst du auch gezielt nach einem Cache suchen. Die Nummer findest du in der Cache-Beschreibung ganz oben rechts. Die Cache-Beschreibung liefert dir auch Hinweise auf die Cache-Art, die Größe, den Schwierigkeitsgrad, die Geländebewertung und die Attribute. Dies sind nützliche Informationen, wenn es daran geht, einen Cache auszuwählen und die richtige Ausrüstung zu planen.
Einfache Caches haben einen Stern, ganz schwierige haben fünf Sterne. Für die Schwierigkeits- und Geländebewertung eines Caches gibt es zwar Regeln, doch was für dich vielleicht einfach oder wenig anstrengend ist, kann für andere schon sehr anspruchsvoll sein.

Manche Caches sind richtig gut getarnt. Hättest du gedacht, dass sich hinter diesem Baumstamm ein Cache befindet?

Sind alle Caches gleich?

Es gibt viele verschiedene Cache-Arten. Die wichtigsten davon werden hier erklärt. Manche Caches gibt es nur ganz selten.
Auf www.geocaching.com hat jeder Cache-Typ in der Beschreibung ein eigenes Symbol. Somit weißt du gleich, ob du diesen Cache sofort suchen kannst oder ob du Zuhause noch etwas vorbereiten musst, um den Schatz zu finden.

Traditional Cache

Der Traditional Cache (gesprochen: *Tradischionäl Käsch*) ist der häufigste Cache-Typ. Du erfährst in der Cache-Beschreibung die ➡ **Koordinaten** des Verstecks und musst vorher keine Aufgaben lösen.

Unknown Cache/ Mystery Cache

Ein Unkown Cache (gesprochen: *Annaun Käsch*) ist ein Mystery Cache (gesprochen: *Misteri Käsch*) genannt ist ein Rätsel-Cache. Hier erfährst du nicht sofort die ➡ **Koordinaten** des Schatzes. Derjenige, der den Cache versteckt hat, gibt zwar ungefähr an, wo sich der Schatz befindet, doch das Versteck ist in Wirklichkeit noch ein ganzes Stück weiter entfernt. Um die exakten Koordinaten herauszufinden, musst du zuerst ein Rätsel lösen.

Multi-Cache

Bei dem Multi-Cache handelt es sich um eine Art Schnitzeljagd mit einer oder mehreren Stationen. In der Cache-Beschreibung findest du die Information, wo sich die erste Station befindet. Du lässt dich vom ➡ **GPS-Gerät** dorthin führen. An dieser Station findest du einen Zettel mit den ➡ **Koordinaten** für die nächste Station. Manchmal musst du ein kleines Rätsel vor Ort lösen. Die Lösung verrät dir, wo sich die nächste Station befindet.

Event Cache

Der Event Cache (gesprochen: *Iwänt Käsch*) ist ein Treffen für Geocacher. Hier lernst du andere Cacher aus deiner Umgebung kennen und kannst dich mit ihnen austauschen.
Es gibt zwar keinen Cache zu finden, aber bei der Veranstaltung liegt ein ➡ **Logbuch** aus. Mit deinem Eintrag in das Buch gilt der Cache als gefunden.
Meist finden Event Caches in einer Gaststätte, auf einem Grillplatz oder dem Weihnachtsmarkt statt.

Webcam-Cache

Einen Webcam-Cache zu loggen ist nicht ganz einfach. Denn es geht dabei darum, sich von einer öffentlichen und fest installierten Kamera fotografieren zu lassen.
Die ➡ **Koordinaten** des Caches führen dich zu einem öffentlichen Platz oder vor ein Gebäude, an dem eine Webcam installiert ist. Dort stellst du dich für einige Minuten hin, bis ein Foto von dir entstanden ist.
Das Foto ist dann der Beweis dafür, dass du den Cache gefunden hast. Du kannst das Foto per E-Mail an den ➡ **Owner** schicken oder auf www.geocaching.com hochladen.
Allerdings ist es etwas schwierig, dieses Foto zu speichern. Eine Möglichkeit ist es, dass du dir exakt die Uhrzeit merkst, zu der du vor der Webcam gestanden hast. Dann kannst du später zu Hause am Computer das Foto anhand der Uhrzeit suchen und auf deinem Computer speichern. Eine zweite Möglichkeit ist es, mit einem Freund einen genauen Zeitpunkt zu verabreden, sodass er am Computer zu Hause das Foto speichert, während du vor der Webcam stehst.

Earth-Cache

Die Koordinaten eines Earth-Caches (gesprochen: *örs Käsch*) führen dich zu ganz besonderen Orten in der Natur, wie zum Beispiel an einen Gletscher, zu einer besonderen Steinformation oder an eine Flussquelle. Meist erhältst du schon in der Beschreibung des Caches Informationen über den Ort. Außerdem enthält die Beschreibung Fragen oder Aufgaben, die du lösen musst. Diese kannst du meist vor Ort, manchmal auch mithilfe des Internets beantworten. Die Lösungen werden dann per E-Mail an den ➡ **Owner** geschickt.

Letterbox Hybrid-Cache

Letterbox Hybrid-Caches sind ähnlich wie Multi-Caches, denn häufig gibt es mehrere Stationen zu bezwingen. Anders ist aber, dass das ➡ **GPS-Gerät** nur zum Auffinden des Startpunktes und manchmal auch zum Finden des Zielpunkts nötig ist.
Welche Hilfsmittel du für den jeweiligen Letterbox-Cache benötigst, steht in der Cache-Beschreibung, zum Beispiel Kompass, Geodreieck, Millimeterpapier oder einen Fotoapparat.
Diese Cacheform geht auf ein ähnliches Spiel, das Letterboxing, zurück. *Letterbox* bedeutet im Deutschen Briefkasten. In diese Caches gehört meist ein Stempel. Damit kannst du dir zur Erinnerung einen Stempel auf einen Notizzettel machen. Der Stempel muss im Cache verbleiben und darf nicht als Tauschgegenstand herausgenommen werden. Manchmal findet man in Letterbox Hybrid-Caches auch eine Postkarte von einem früheren Finder, die man dann mitnehmen und verschicken kann. Du kannst auch selbst eine Postkarte schreiben, auf die du eine Briefmarke klebst und die du mit deiner Adresse versiehst. Sobald der Cache das nächste Mal gefunden wird, bekommst du vielleicht Post!

Die Suche nach der Nadel im Heuhaufen

Caches tauchen in ganz unterschiedlichen Größen auf.
Die Cache-Beschreibung zeigt dir an, wie groß der Cache ist, den du suchst. Das gibt dir einen ersten wichtigen Hinweis für deine Suche.

Micro:

Micro-Caches bezeichnen die kleinste Cache-Größe. Sie bestehen meist aus alten Filmdosen. Diese eignen sich besonders gut, weil sie wasserdicht sind. Zu den Micro-Caches gehören auch die sogenannten „Petlinge“, das sind etwa 10 cm lange Röhrchen, die einen Schraubverschluss wie bei einer Wasserflasche haben. Micro-Caches enthalten nur ein ➡ **Logbuch** und manchmal noch einen kurzen Stift.

Dieser Petling (Micro-Cache) hängt in einem Baum.

Klein [Englisch: Small]:

Die Bezeichnung „Klein“ in der Cache-Beschreibung bedeutet, dass der Cache in einer kleinen Dose versteckt wurde, vielleicht in einem kleinen Plastikbehälter oder in einer alten Bonbondose. Neben Stift und ➡ **Logbuch** kann man hier auch Tauschgegenstände oder auch ➡ **Travelbugs** finden.

In diesem kleinen Cache ist nicht viel Platz.

Normale Caches bestehen manchmal aus besonderen Behältern.

In solchen großen Caches findet man oft Tauschgegenstände.

Normal **[Englisch: Regular]:**

Hierbei handelt es sich um fest verschließbare Cache-Behälter aus Plastik oder Metall. Sie haben ungefähr die Größe eines Schuhkartons und können in ganz unterschiedlichen Formen auftreten.

Groß **[Englisch: Large]:**

Die größte Cache-Größe heißt „Groß". Hierbei handelt es sich um große Farbeimer oder sogar Tonnen und richtige Schatztruhen. Diese Caches sind allerdings eher selten zu finden, zum Verstecken von Tauschgegenständen sind sie aber ideal.

Anderer **[Englisch: Other]:**

Wenn in der Cache-Beschreibung das Fragezeichen auftaucht, bedeutet dies, dass du keinen weiteren Hinweis auf die Größe deines Caches bekommst. Dadurch wird die Suche noch viel spannender, denn du mußt jetzt sowohl nach ganz kleinen als auch nach sehr großen Verstecken Ausschau halten.
Auch Nano-Caches gehören in diese Kategorie. Dabei handelt es sich um eine kleine Metalldose, die 1 cm hoch ist und einen Durchmesser von 1 cm hat. In Nano-Caches hat lediglich ein Zettel als ➡ **Logbuch** Platz.

Die Schwierigkeitsbewertung

Die Bewertung des Schwierigkeitsgrades zeigt dir an, wie gut ein Cache versteckt ist. So kannst du ungefähr abschätzen, wie lange die Suche dauern wird. Cacher sprechen von der „D-Wertung" eines Caches, also von der *difficulty* (gesprochen: *difikulti*). Das ist Englisch und bedeutet Schwierigkeit.

★☆☆☆☆ Einfach

Der Schatz ist nach nur wenigen Minuten Suchen zu finden. Ein solcher Cache ist also gerade für den Anfang gut zu empfehlen.

★★☆☆☆ Mittel

Ein etwas erfahrener Geocacher kann den Schatz in weniger als einer halben Stunde finden.

★★★☆☆ Anspruchsvoll

Auch für einen erfahrenen Geocacher ist dieser Cache eine Herausforderung. Du solltest einige Stunden für die Suche einplanen.

★★★★☆ Schwierig

Eine echte Herausforderung für erfahrene Geocacher! Um den Cache zu finden, ist eine gute Vorbereitung notwendig. Vielleicht brauchst du sogar besondere Kenntnisse. Die Schatzsuche kann sehr lange dauern.

★★★★★ Extrem schwierig

Sehr spezielle Kenntnisse, Fähigkeiten und Ausrüstung (wie zum Beispiel Werkzeug) werden benötigt, um diesen Cache zu heben.

TIPP

Als Anfänger bei der Schatzsuche solltest du dir zunächst sehr einfache Caches aussuchen. Am besten machst du deine ersten Schatzsuchen zusammen mit deinen Eltern. Für Kinder sind Caches mit mehr als drei Schwierigkeitssternen nicht zu empfehlen!

Geländebewertung

An der Anzahl der Sterne in der Cache-Beschreibung kannst du erkennen, wie anstrengend die Suche wird, welche Wegstrecken man gehen muss und ob du spezielle Kleidung anziehen solltest. Gelände bedeutet auf Englisch *terrain* (gesprochen *terain*), deswegen spricht man auch von „T-Wertung".

Ein gut getarnter Cache.

★☆☆☆☆ Behindertengerecht

Ausgebaute Wege führen zum Versteck. Das Gelände ist flach und man muss weniger als 1 km weit gehen. Für Rollstuhlfahrer geeignet.

★★☆☆☆ Kindgerecht

Bei dieser Suche bleibst du auf klar markierten Wegen und es gibt keine steilen Erhebungen oder Überwucherungen. Der Weg ist nicht länger als 3 km.

★★★☆☆ Nicht für Kleinkinder geeignet

Dieser Cache ist nur für ältere Kinder geeignet. Du solltest sportlich sein, denn vielleicht musst du überwucherte Stellen überwinden oder auf Anhöhen steigen. Außerdem kann der Weg auch länger als 3 km sein.

★★★★☆ Nur für erfahrene Cacher mit guter Kondition

Starke Überwucherungen, sehr steile Anstiege und Abhänge müssen überwunden werden. Es ist auch möglich, dass man mehr als 16 km gehen muss. Für Kinder sind diese Caches nicht geeignet.

★★★★★ Erfordert sehr gute körperliche Fitness und spezielle Ausrüstung

Bei der Suche braucht man vielleicht Klettermaterial, Boot, Taucherausrüstung usw. Die Bergung kann sehr gefährlich sein! Finger weg! Sie sind nur für erwachsene und erfahrene Geocacher geeignet.

Die Attribute

Die Cache-Beschreibung zeigt durch die Sterne nicht nur den Schwierigkeitsgrad des Caches und des Geländes an. Du findest darin auch ➡ **Attribute**. Diese Zeichen erklären dir, was dich vor Ort erwarten könnte. Durch die ➡ **Attribute** erfährst du, zu welchem Zeitpunkt die Suche am besten durchzuführen ist, wie lange sie dauert und welche weiteren Hilfsmittel du vielleicht benötigst, zum Beispiel Kletterausrüstung oder Taschenlampe.

Du kannst dich zu jeder Uhrzeit auf die Suche machen, also auch im Dunkeln mit Taschenlampe. Ist dieses Attribut durchgestrichen, steht in der Beschreibung ein Hinweis, zu welcher Uhrzeit du den Cache finden kannst.

Den Schatz kannst du in weniger als einer Stunde finden.

Den Cache kannst du auch bei Schnee und Eis finden.

Achtung, hier kann es ziemlich dornig werden!

Ohne Taschenlampe wirst du den Schatz nicht finden.

Dieser Cache ist für Kinder sehr gut geeignet.

Dieser Cache braucht Wartung. Ein Besuch empfiehlt sich momentan nicht.

TIPP

Dieses Attribut zeigt dir an, dass du durch Wasser waten musst. Das kann besonders nach schlechtem Wetter gefährlich werden. Am besten gehst du mit einem erwachsenen Begleiter los, der die Lage besser beurteilen kann. Gehe nie barfuß durch Bäche!

Es geht los!

Auf geht's!

Wenn du alle Informationen über deinen Cache gelesen hast, überlege mit deinen Eltern, wie ihr euch am besten dem Schatz nähert. Vielleicht könnt ihr zu Fuß gehen oder eine kleine Fahrradtour machen. Gib die Koordinaten aus der Cache-Beschreibung in dein ➡ **GPS-Gerät** ein. Wie das bei deinem Gerät geht, kannst du in der Betriebsanleitung nachlesen. Das Gerät zeigt dir durch einen Pfeil die Richtung an, in der sich der Schatz befindet, und wie weit du noch davon entfernt bist. Wenn das Gerät nur noch wenige Meter Entfernung zum Schatz anzeigt, kannst du nach guten Versteckmöglichkeiten Ausschau halten, zum Beispiel Astlöchern, hohlen Baumwurzeln, verdächtigen Steinhaufen …

Schon gewusst?

Die Cache-Beschreibung enthält manchmal ein Feld mit der Aufschrift „Entschlüsseln". Hier werden zusätzliche verschlüsselte Hinweise lesbar, die dir am Ort des Verstecks wichtige Tipps geben, wenn du den Schatz nicht sofort findest.

Geübter Blick

Mit der Zeit bekommst du einen geübten Blick für gute Schatzverstecke. Manche Caches sind übrigens auch mit einem Magnet an Metall befestigt. Und natürlich sehen viele Augen mehr als zwei – Cachen macht in der Gruppe, mit Freunden und Familie viel mehr Spaß als allein!

Meine erste Suche

Am Ziel angekommen

Dein ➡ **GPS-Gerät** zeigt dir an: „Zielkoordinaten erreicht"? Jetzt heißt es „Augen auf", denn du bist bei deinem ersten Cache angekommen. Schau dir noch einmal die Beschreibung des Caches an.
Die Angaben zur Größe des Caches sowie die Schwierigkeits- und die Geländebewertung helfen dir dabei, schon jetzt einige Versteckmöglichkeiten auszuschließen. Manchmal gibt der ➡ **Owner** am Ende der Beschreibung einen Hinweis zum gesuchten Objekt oder zur Art des Verstecks. Lautet dieser Hinweis zum Beispiel „magnetisch", dann solltest du folglich eher an Metallgeländern oder Verkehrsschildern statt an Baumwurzeln suchen.
Mindestens genauso wichtig wie die Hinweise in einer Cache-Beschreibung ist dein Spürsinn. Untersuche alle möglichen Verstecke gründlich, bevor du weitergehst.
Hast du alle Verstecke durchsucht und nichts gefunden? Dann erweitere doch einfach den Bereich, in dem du suchst. Je nach ➡ **GPS-Gerät** und Zielgebiet kann es manchmal zu kleinen Abweichungen kommen (zum Beispiel wegen hoher Gebäude oder dichtem Wald).

Vorsicht vor den Muggeln

Sicher kennst du den Begriff „Muggel" aus den Harry-Potter-Büchern. Das sind Menschen, die nicht in die Welt der Zauberer und Hexen geboren wurden und auch nicht zaubern können.
Auch beim Geocachen trifft man auf Muggeln. Gemeint sind damit alle Leute, die nichts mit diesem Hobby zu tun haben. Sie verwechseln Geocaches oft mit Müll und werfen einen Cache in den nächsten Abfallkorb.
Wenn du bei deiner Schatzsuche nicht von Muggeln gestört werden möchtest, kannst du entweder abwarten, bis die Luft rein ist, oder du tarnst deine Suche: Binde dir die Schuhe zu, während du dich unauffällig umschaust.

Alles dabei?

Für das Geocachen brauchst du eigentlich nur zwei Dinge: Lust an der Schatzsuche im Freien und ein ➡ **GPS-Gerät**. Trotzdem ist es immer gut, für jedes Wetter und auch für anspruchsvollere Caches die richtige Ausrüstung dabei zu haben.

Grundausrüstung

- **Rucksack:** Dieser sollte wasserdicht, stabil und am Rücken gut gepolstert sein. Achte darauf, dass du nicht zu viele Dinge mitschleppst. Bei längeren Strecken kann das Übergepäck recht schwer werden!
- **Regenkleidung:** Damit du auch bei einem plötzlichen Regenschauer deine Suche nicht abbrechen musst, solltest du Regenjacke, Regenhose, wasserdichte Schuhe, eine Kopfbedeckung und einen Schirm dabei haben.
- **Verpflegung:** Nimm auf längeren Touren etwas zu essen und zu trinken mit.
- **Notizzettel, Stifte:** Schreibmaterial ist wichtig, damit du vor Ort Rätsel besser lösen kannst. Außerdem enthält nicht jeder Cache einen Stift, mit dem du dich ins Logbuch eintragen kannst.
- **Erste-Hilfe-Set:** Dieses gibt es in vielen Geschäften fertig zu kaufen. Das Set sollte Pflaster, Desinfektionsmittel, Schere, Mullbinden und eine Zeckenzange enthalten.

- **Handschuhe:** Es lässt sich nicht vermeiden, auch einmal im Dreck zu wühlen oder Spinnweben zu beseitigen. Deshalb sollten Handschuhe immer im Gepäck sein.
- **Handy:** Das Handy ist ein wichtiger Begleiter, um in Notsituationen Hilfe holen zu können.
- **Ersatzbatterien:** Wichtig für alle elektronischen Geräte wie ➡ **GPS-Gerät** oder Taschenlampe!
- **Mückenschutzmittel**
- **Sonnenmilch und Sonnenhut**
- **Cache-Beschreibung**
- **GPS-Gerät**

TIPP

Neben der Ausrüstung, die du auf deiner Cache-Expedition dabei hast, ist deine Kleidung sehr wichtig. Eine lange Hose schützt dich vor Dornen und Brennnesseln. Mit knöchelhohen Schuhen kannst du nicht so leicht umknicken. Die Sohle sollte ein gutes Profil haben, damit du an steilen Hängen nicht rutschst.

Spezialausrüstung

Viele Caches erfordern noch weitere Hilfsmittel.
Damit du nach einem langen Weg nicht enttäuscht ohne Fund nach Hause gehen musst, solltest du auch folgende Gegenstände mitnehmen:

- **Spiegel:** Mancher Cache-Behälter ist so versteckt, dass du ihn gar nicht siehst. Mit einem Spiegel kannst du zum Beispiel von einer Brücke aus ihre Unterseite untersuchen.
- **Pinzette:** Gerade in ganz kleinen Döschen hat das ➡ **Logbuch** kaum Platz und ist ziemlich zusammengepresst. Um es ohne Beschädigung herauszubekommen, ist eine Pinzette von Vorteil.
- **Taschenlampe:** In großen Baumwurzeln oder unter Brücken kann eine Taschenlampe das Suchen des Schatzes deutlich erleichtern.
- **Draht, Magnet, Zollstock:** Wenn du einmal nicht an die Dose herankommst, weil sie etwas zu hoch hängt oder in einem dünnen Rohr steckt, kannst du aus diesen Hilfsmitteln eine Angel basteln.

Checkliste

- ❑ Cache-Beschreibung
- ❑ GPS-Gerät
- ❑ Kompass
- ❑ Karte
- ❑ Regenkleidung
- ❑ Verpflegung und Getränk
- ❑ Sonnenschutz
- ❑ Notizzettel und Stift
- ❑ Erste-Hilfe-Set
- ❑ Ersatzbatterien
- ❑ Spezialausrüstung (laut Cache-Beschreibung)

Juhuu, Cache gefunden!

Einen Cache zu entdecken, ist ganz schön aufregend!

Wenn du den Cache gefunden hast, darfst du dich in das ➡ **Logbuch** eintragen. Schreibe immer deinen ➡ **Nickname** und das Datum hinein. Wenn das ➡ **Logbuch** genug Platz bietet, kannst du auch Grüße oder eine kleine Nachricht hinterlassen, in der du zum Beispiel schreibst, wie dir der Cache gefallen hat oder ob bei der Suche besondere Dinge passiert sind. Befinden sich im

TIPP

Hinterlasse den Cache immer so, wie du ihn gefunden hast. Du willst anderen Cachern ja nicht den Spaß verderben!

Cache Tauschobjekte, darfst du dir etwas aussuchen und legst dann selbst einen Gegenstand, den du mitgebracht hast, hinein. Weitere Informationen zu dem Thema Tauschgegenstände erhältst du ab Seite 44.
Danach musst du den Behälter wieder sorgfältig und fest verschließen, damit der Inhalt der Dose nicht feucht wird.
Lege den Schatz genau so in sein Versteck zurück, wie du ihn vorgefunden hast. Wenn der Cache mit Steinen, Laub oder Moos bedeckt war, lege diese zur Tarnung wieder darauf.
Achte auch darauf, dass du keine offensichtlichen Spuren am Fundort (Fußabdrücke, Abfall) zurücklässt, die dem nächsten Cacher verraten könnten, wo genau der Schatz zu finden ist.

Psst, geheim!

Ein Cache kann nur dann lange in seinem Versteck liegen, wenn er geheim bleibt. Wird er von Leuten entdeckt, die keine Geocacher sind (➡ **Muggel**), kann es passieren, dass er verschwindet, weil man ihn für Abfall hält.
Verhalte dich also am Fundort unbedingt unauffällig! Wenn du beobachtet wirst, unterbreche deine Suche, bis du wieder mit deiner Suchgemeinschaft allein bist, oder komme später noch einmal zum Versteck zurück und setze deine Suche dann fort.

Schon gewusst?

Gerade in kleinen Caches ist nicht viel Platz. Deshalb bestehen manche ➡ Logbücher nur aus einem zusammengerollten Zettel. Hier musst du wirklich vorsichtig sein, wenn du das Logbuch entnimmst, damit du es nicht versehentlich zerstörst.

Den Fund loggen

Wenn du von deiner Caching-Tour wieder nach Hause gekommen bist, hinterlässt du im Internet eine Nachricht, dass du den Cache gefunden hast. Diese Meldung nennt man „loggen". Dazu öffnest du zunächst die Internetseite www.geocaching.com. Dort meldest du dich mit deinem Benutzernamen und deinem Passwort an. Du gehst auf die Schaltfläche Spielen und klickst dann auf Einen Cache loggen. Dort gibst du in das Feld Log a Cache den GC-Code des Caches ein. Oben rechts in dem Kasten steht Logge deinen Besuch. Dieses Feld klickst du an. Bei Logtyp wählst du nun Found it (deutsch gefunden) aus. Dann trägst du bei Logdatum den Tag ein, an dem du den Cache gefunden hast. Du kannst auch eine kurze Nachricht hinterlassen. Mit einem Klick auf Log eintragen wird deine Nachricht auf der Internetseite veröffentlicht. Immer, wenn du einen Cache gefunden und deinen Fund im Internet geloggt hast, erscheint auf der Schatzkarte anstelle des Cache-Symbols ein Smiley.

TIPP

Verrate in deiner Nachricht im Internet niemals, wo genau du den Cache gefunden hast! Damit würdest du den anderen Mitspielern, die den Schatz noch nicht gefunden haben, den Spaß an der Suche verderben.

Wenn du einen Cache gefunden hast, trägst du dich in das Logbuch ein.

Eigene Schätze verstecken

Bevor du eigene Caches versteckst, brauchst du Erfahrung beim Geocaching. Bei der Planung deines ersten Caches solltest du dir von einem Erwachsenen helfen lassen. Denn wenn du den Cache im Internet veröffentlichst, muss wirklich alles stimmen!
Überleg dir vorher, wo du deinen Cache verstecken möchtest. Es ist wichtig, dass du die exakten Koordinaten kennst, denn sonst können die anderen Cacher deinen Schatz nicht finden. Auch bei der Beschreibung (➡ **Attribute**, D-Wertung, T-Wertung, Größe) musst du sehr genau arbeiten. Dann wählst du einen Cache-Behälter, in den du das ➡ **Logbuch** und einen Stift legst.
Wenn du deinen Cache versteckt hast, musst du ein Formular mit allen notwendigen Daten auf der Geocaching-Internetseite ausfüllen. Bevor dein Cache nämlich veröffentlicht wird, wird geprüft, ob du alle Spielregeln beachtet hast.
Mit dem Verstecken ist es aber nicht getan: Du bist jetzt auch für die Pflege deines Caches verantwortlich. Das bedeutet, dass du regelmäßig nachschauen musst, ob der Cache noch dort liegt, wo du ihn versteckt hast. Denn es ist enttäuschend für andere Geocacher, wenn ein Cache nicht mehr so im Versteck liegt, wie es in deiner Cache-Beschreibung steht!

ELTERN-TIPP

Wenn Ihr Kind gern selbst einen Cache verstecken möchte, helfen Sie ihm dabei. Gehen Sie mit ihm die Richtlinien und Anweisungen auf der Geocaching-Internetseite Schritt für Schritt durch. Denken Sie auch daran, dass Sie regelmäßig gemeinsam nach dem Cache sehen. Nur vollständige Caches machen anderen Schatzsuchern Spaß.

Besondere Caches

Tauschregeln

In größeren Caches findest du manchmal auch Tauschgegenstände. Wenn du aus einem Cache einen Tauschgegenstand nimmst, musst du etwas anderes hineinlegen.
Manchmal schreibt die Cache-Beschreibung den Cache-Inhalt vor: Es sollen zum Beispiel nur Murmeln oder nur Münzen getauscht werden. Bitte halte dich an die Spielregeln und lege nur den gewünschten Tauschgegenstand hinein.
Findest du in der Cache-Beschreibung keinen Hinweis, darfst du alles tauschen, was sich gut dafür eignet. Aber bitte entsorge nicht altes Spielzeug. Auch Lebensmittel eignen sich nicht als Tauschgegenstände.
Im Internet sollte jeder Tausch mitgeteilt werden, damit der nächste Schatzsucher informiert ist. Trage deinen Tausch einfach bei „Kommentar“ ein.

TIPP

Tausche immer fair! Wenn du zum Beispiel ein Kartenspiel aus dem Cache entnimmst und dafür nur eine kleine Murmel hineinlegst, ist das nicht gerecht.

Reise um die Welt

Travelbugs reisen manchmal um die ganze Welt.

Vielleicht findest du in einem Cache eine Münze oder eine kleine Figur, an der eine Art Hundemarke befestigt ist. Dann hast du etwas ganz Besonderes gefunden!

Travelbugs und Coins

Die Figuren, die in der Cacher-Sprache „Travelbug“ (gesprochen: *Träwelback*) genannt werden, warten im Cache darauf, gefunden und mitgenommen zu werden. Wenn du einen ➡ **Travelbug** findest, darfst du ihn jedoch nicht behalten! Die Figur reist nämlich mithilfe von freundlichen Cachern um die Welt. Um ihr bei ihrer Reise zu helfen, setzt du sie einfach im nächsten Cache, den du findest, ab. So gelangt sie von einem Cache zum anderen und lernt viele neue Länder und Menschen kennen.

Auf ähnliche Weise reisen auch die ➡ **Coins** (gesprochen: *Keuns*). Dabei handelt es sich um speziell geprägte Münzen. Es gibt ➡ **Travelbugs** und ➡ **Coins**, die schon sehr lange unterwegs sind und Tausende Kilometer zurückgelegt haben. Vielleicht werden sie von einem Cacher mit in den Urlaub genommen und gelangen sogar ins Ausland. Die meisten ➡ **Travelbugs** und ➡ **Coins** reisen nicht einfach so durch die Welt, sondern haben eine bestimmte Aufgabe, ein spezielles Reiseziel oder eine festgelegte Reiseroute. Dieses

Dieser Travelbug-Aufkleber reist an einem Auto durch die Welt.

Ziel ist meist auf einem beigelegten Zettel notiert. Wenn du dir nicht sicher bist, ob du den Auftrag oder das verlangte Ziel einhalten kannst, so belasse den ➡ **Travelbug** oder die ➡ **Coin** lieber im Cache.

Schon gewusst?

Travelbug heißt übersetzt „Reisekäfer", deswegen haben die Travelbugs als Symbol auch einen Käfer. Diesen Käfer gibt es auch als Aufnäher, Armband oder als Aufkleber. Unter dem Käfer steht immer ein Code. Halte die Augen offen, vielleicht entdeckst du zufällig unterwegs einen Travelbug in der Stadt oder an einem Auto. Dann solltest du dir die Nummer notieren und kannst den Cache so zu Hause am Computer loggen.

Auf besonderer Mission

Die Aufgaben der ➡ **Travelbugs** und ➡ **Coins** sind oft ziemlich abenteuerlich. Manche ➡ **Travelbugs** dürfen beispielsweise nur in eine bestimmte Himmelsrichtung reisen, also zum Beispiel nur nach Süden. Dann darfst du den ➡ **Travelbug** nur in einem Cache ablegen, der sich südlich von dem befindet, aus dem du ihn entnommen hast. Vielleicht soll ein ➡ **Travelbug** in ein bestimmtes Land oder an ein bestimmtes Gebäude in einer Stadt reisen. Es gibt auch Wettrennen zwischen verschiedenen ➡ **Travelbugs**: Zwei ➡ **Owner** wollen wissen, welcher ➡ **Travelbug** sich schneller bewegt oder zuerst an einem bestimmten Ort ankommt.

TIPP

Du solltest einen ➡ Travelbug oder eine ➡ Coin nicht länger als ein bis zwei Wochen behalten, weil sie ja weiterreisen sollen. Lege sie möglichst bald in den nächsten Cache, den du findest.

Die Reise nachverfolgen

Wenn du wissen willst, wo der Gegenstand, den du gefunden hast, schon überall gewesen ist oder welche Aufgabe, kannst du das auf der Internetseite www.geocaching.com nachlesen. Dazu rufst du unter Spiele Finde Trackables auf. Unten auf der Seite siehst du das Feld Gib die Trackingnummer des Gegenstandes ein. Die Trackingnummer ist eine Kombination aus Zahlen und Buchstaben, die auf der Marke eingeprägt ist, die der Gegenstand trägt. Diesen Code gibst du nun ein und klickst auf Track (deutsch aufspüren). Nun findest du alle Informationen zu dem Gegenstand. Neben dem Wort Reisegeschichte kannst du dir auch eine Karte anzeigen lassen. Dort siehst du alle Caches, die der Gegenstand bereist hat. Wenn du selbst einen ➡ **Travelbug** aus einem Cache herausnimmst oder in einem neuen Cache ablegst, gibst du das beim Loggen des Caches an.

Schon gewusst?

Damit du die Reise eines ➡ Travelbugs nachvollziehen kannst, hat jeder ➡ Travelbug einen Anhänger mit einer Trackingnummer. Diese Anhänger kannst du im Internet kaufen.

Geocaching-Rekorde

Mein Foto

Mein Nickname

____

Mein erster Cache

Datum: ______________________

Uhrzeit: ______________________

GC-Nr.: ______________________

Name: ______________________

Fundort: ______________________

D-Wertung: ______________________

T-Wertung: ______________________

Besonderheit: ______________________

Mein fünfter Cache

Datum: ______________________________

Uhrzeit: ______________________________

GC-Nr.: ______________________________

Name: ______________________________

Fundort: ______________________________

D-Wertung: ______________________________

T-Wertung: ______________________________

Besonderheit: ______________________________

Mein zehnter Cache

Datum: ______________________________

Uhrzeit: ______________________________

GC-Nr.: ______________________________

Name: ______________________________

Fundort: ______________________________

D-Wertung: ______________________________

T-Wertung: ______________________________

Besonderheit: ______________________________

Mein 50. Cache

Datum: ______________________

Uhrzeit: ______________________

GC-Nr.: ______________________

Name: ______________________

Fundort: ______________________

D-Wertung: ______________________

T-Wertung: ______________________

Besonderheit: ______________________

Mein 100. Cache

Datum: ______________________

Uhrzeit: ______________________

GC-Nr.: ______________________

Name: ______________________

Fundort: ______________________

D-Wertung: ______________________

T-Wertung: ______________________

Besonderheit: ______________________

Mein schwierigster Cache

Datum: ______________________________

Uhrzeit: ______________________________

GC-Nr.: ______________________________

Name: ______________________________

Fundort: ______________________________

D-Wertung: ______________________________

T-Wertung: ______________________________

Besonderheit: ______________________________

Meine schönsten Tauschgegenstände

____

____

Mein schönstes Cache-Erlebnis

____

____

____

____

Geburtstags-Schatzsuche

Du machst gerne Geocaching und möchtest deinen Freundinnen und Freunden an deinem Geburtstag etwas Besonderes bieten? Hier findest du einige Tipps für eine Geburtstags-Schatzsuche.

Vorbereitung

- Bitte deine Eltern, dass sie dir bei den Vorbereitungen und der Durchführung helfen.
- Überleg dir, wie viele Gäste du einladen möchtest. Eine kleine Gruppe mit sechs bis acht Personen ist zu empfehlen.
- Deine Gäste sollten zwischen 8 und 14 Jahre alt und körperlich fit sein. Am besten schreibst du schon in deine Einladung, dass du eine Geocaching-Tour planst und welche Ausrüstung dafür benötigt wird. Die Eltern deiner Gäste müssen mit der Tour einverstanden sein. Alle Teilnehmer der Tour sollten feste, geschlossene Schuhe und eine lange Hose tragen.

Im Rucksack sollte jedes Kind Regenkleidung, einen Pulli und Sonnencreme dabeihaben. Vielleicht hat einer deiner Gäste ein ➡ **GPS-Gerät** und kann es mitbringen. Sonst musst du für die ➡ **GPS-Geräte** sorgen (drei Kinder können zusammen ein Gerät nutzen). Denke daran, dass alle Geräte aufgeladen sind.

Planung der Tour

- Plane deine Geburtstags-Tour vorher gut und lege am besten einen Multi-Cache mit mehreren Stationen. Jede Station enthält Hinweise auf die nächste Station. Überleg, dir, was du verstecken möchtest und wie viele Gegenstände du brauchst. Denn jedes Kind will eine Überraschung finden! Vor allem der Abschluss-Cache sollte etwas Besonderes sein, zum Beispiel eine Schatztruhe, die du extra für diese Tour versteckst. Denn Geocacher mögen es

gar nicht, wenn ein Cache von einer größeren Gruppe „geplündert" wird. Und für deine Gäste ist es natürlich auch viel spannender, einen eigens für sie ausgelegten Schatz zu suchen.

- Als Geschenke eignen sich Glasmurmeln, Geocaching-Coins, Aufnäher, Sticker, witzige Radiergummis …
- Am besten startest du deine Tour an einem Parkplatz. Deine Gäste können von ihren Eltern hierher gebracht und zu einer verabredeteten Zeit wieder abgeholt werden.
- Wenn ihr die Tour zu Fuß macht, sollten die Stationen nicht zu weit entfernt voneinander liegen. Der erste Cache sollte sich in der Nähe des Startpunkts befinden. Die Koordinaten für den ersten Cache verrätst du erst kurz bevor die Tour startet. Die Stationen dürfen nicht zu schwierig zu finden sein. Überlege dir Caches mit einem Schwierigkeitsgrad von einem bis drei Sternen.
- Das Gelände sollte auch nicht zu anspruchsvoll sein, also keine extremen Steigungen und keine Querfeldeinstrecken durchs Unterholz oder dornige Hecken enthalten.
- Pro Station solltest du etwa 30 Minuten einplanen. Für eine dreistündige Tour solltest du dir also sechs Stationen ausdenken.

TIPP

Du kannst aus der Schatzsuche auch einen kleinen Wettkampf machen. Teile dazu deine Gäste in kleine Gruppen (2 bis 3 Personen) ein. Jede Gruppe bekommt ein ➡ GPS-Gerät. Dann schickst du sie von unterschiedlichen Stationen aus auf die Suche. Wer findet als Erstes alle Stationen und den Weg zum letzten Cache?

- Geocaching macht hungrig und durstig! Such dir einen schönen Picknickplatz aus, an dem du deine Gäste zu kühlen Getränken und einem kleinen Buffet einladen kannst. Am besten erwartet euch dort schon einer deiner erwachsenen Helfer mit der Verpflegung. Die Position eures Picknickplatzes kannst du als Station in deine Planung aufnehmen.
- Ganz wichtig bei der Planung: Geh die Strecke vorher ab, um alle Angaben zu überprüfen und sicherzustellen, dass wirklich alles klappt. Stoppe dabei die Zeit, dann kannst du die Routenplanung noch verbessern, wenn eine Strecke zu lange dauert oder es unerwartete Hindernisse gibt (gesperrte Wege, tiefe Pfützen usw.). Denk daran, dass eine Gruppe für die Suche etwas mehr Zeit benötigt als du alleine.
- Erstelle einen Ausdruck des Geländes als Karte für dich und für deine Gäste.
- Vor der Tour werden die Koordinaten aller Stationen in die Geräte eingegeben.

Das sollten alle Gäste dabeihaben

- ➡ **GPS-Gerät**, Smartphone oder tragbares Navigationsgerät
- Regenkleidung
- Sonnencreme, Sonnenhut, Sonnenbrille
- Mückenschutz
- Schreibzeug

Das sollten die Erwachsenen dabeihaben

- Getränke und Snacks
- Erste-Hilfe-Set
- Handy
- Taschenlampen
- Die Telefonnummern der Eltern, falls die Schatzsuche länger dauert

Herzliche Einladung

zur Geocaching-Geburtstags-Tour

Für ______________________________

Wann: ______________________________

Dauer: ______________________________

Treffpunkt und Abholung: ______________________________

____

Bitte trage feste und geschlossene Schuhe, wetterfeste Kleidung und eine lange Hose. In deinem Rucksack kannst du Sonnenschutz und Regenkleidung mitbringen.

Auf dein Kommen freut sich sehr ______________________________

Die Fotos unserer Tour stellen wir auf

www.______________________________.de ein.

Richtiges Verhalten

Damit dir nichts den Spaß auf deiner Geocaching-Tour verdirbt, solltest du dich an folgende Regeln halten:

Sicherheit geht vor!

Lass dich nicht zu sehr von deiner Suche ablenken. Gerade auf unbekannten Wegen musst du auf mögliche Gefahren achten, zum Beispiel stark befahrene Straßen, steile Abhänge im Wald etc.

Sag Bescheid!

Bevor du dich auf eine Geocaching-Tour machst, sag immer deinen Eltern oder einem Erwachsenen Bescheid, wohin du gehst.

Gehe nur auf öffentlichen Wegen!

Verlasse die vorgegebenen Wege möglichst nicht und betrete kein Privatgelände. Klettere auch nicht über Zäune, denn diese Absperrung haben ihren Sinn: Vielleicht befinden sich Tiere auf einer Weide, die du nicht aufschrecken solltest.

Hinterlasse den Cache so, wie du ihn vorgefunden hast!

Damit du anderen Cachern nicht den Spaß verdirbst, solltest du dich bemühen, den Cache immer so zu hinterlassen, wie du ihn auch vorgefunden hast.

Lass keinen Müll zurück!

Nimm deinen Abfall wieder mit nach Hause und entsorge ihn dort.

Mystery-Caches

Rätselhafte Caches

Mystery-Caches geben dir in der Cache-Beschreibung nicht die exakten Koordinaten des Verstecks an. Vielmehr musst du zunächst ein Rätsel lösen, um an die Informationen zu dem Standort zu gelangen.

In diesem Kapitel findest du Rätsel, wie sie bei Mystery-Caches vorkommen. Als Lösung erhältst du Zahlen. Manchmal sind die Zahlen auch ausgeschrieben. Die Lösung findest du ab Seite 92.

Beispiel

FUENF ZWEI ZWEI DREI NEUN SIEBEN DREI
EINS DREI ZWEI ACHT ACHT SECHS

Wenn du die Ziffern in die Lücken einträgst, ergibt sich:

Breitengrad: N 5 2° 2 3 . 9 7 3

Längengrad: E 1 3° 2 . 8 8 6

Wenn du diese Koordinaten auf http://maps.google.de (oder auf einer anderen Internetseite mit Kartenmaterial) eingibst, erhältst du den Standort, den wir suchen.

Am besten gibst du die Koordinaten im Internet immer nach folgendem Muster ein: N 52° 30.987 E 13° 22.853. Achte darauf, dass du das Gradzeichen und die Punkte an die richtigen Stellen setzt.

Welches berühmte Gebäude befindet sich an diesen Koordinaten? In welchem Land liegt es?

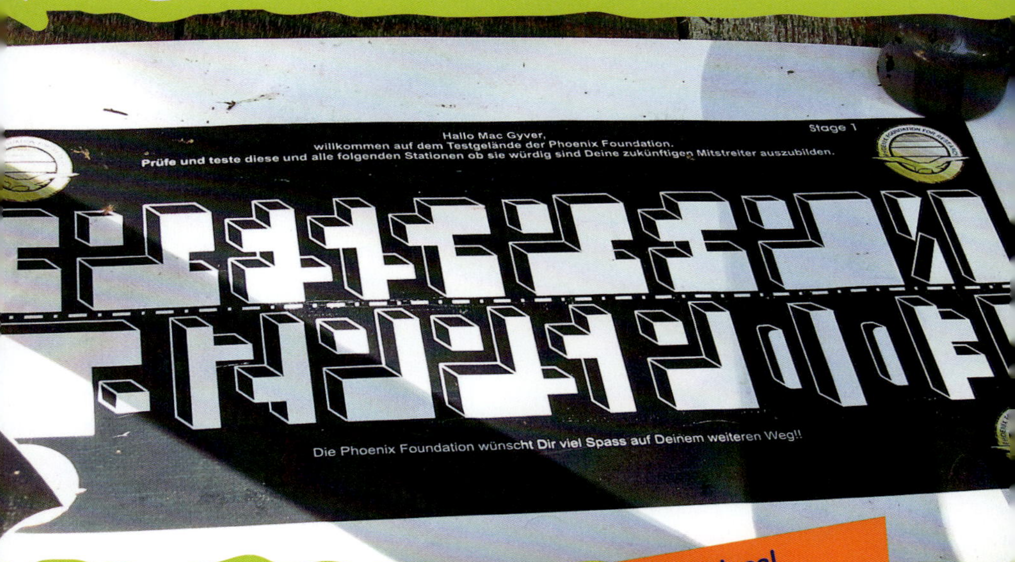

Nimm einen Spiegel zur Hilfe, jetzt kannst du den Hinweis entschlüsseln.

Spiegelbild

Auch Bilder können ➡ **Koordinaten** verschlüsseln. Wenn du dieses Bild vor einen Spiegel hältst, kannst du die Zahlen entziffern!

N __° __.___

E ___° __.___

Um welchen Ort handelt es sich?

____

Welcher bekannte See liegt in der Nähe?

____

Kreuzworträtsel

Mit diesem Kreuzworträtsel kannst du dein Wissen über Geocaching überprüfen. Schreibe die Antworten in die Kästchen. In jedes Kästchen darf nur ein Buchstabe eingetragen werden (ä = ae, ü = ue, ö = oe)

A. Wo trägst du dich ein, wenn du einen Cache gefunden hast?

B. Wie heißt ein reisender Tauschgegenstand?

C. Wie nennt man einen sehr kleinen Cache?

D. Wie heißen Menschen, die nicht wissen, was Geocaching ist?

E. Was bezeichnen Koordinaten neben dem Längengrad?

F. Wie viele Sterne kann ein Cache bei der Geländebewertung höchstens haben? (Schreibe die Zahl als Wort.)

Um die Koordinaten herauszufinden, musst du den Buchstabenwert der gekennzeichneten Felder ermitteln. Dabei hilft dir die folgende Tabelle.
Du schaust im Kreuzworträtsel nach dem Buchstaben, den du in das Kästchen 1 eingetragen hast. Dann schaust du in die folgende Tabelle, welche Zahl diesem Buchstaben zugeordnet ist und trägst diese in das Koordinatenpaar ein.

A	B	C	D	E	F	G	H	I	J	K	L	M
1	2	3	4	5	6	7	8	9	10	11	12	13

N	O	P	Q	R	S	T	U	V	W	X	Y	Z
14	15	16	17	18	19	20	21	22	23	24	25	26

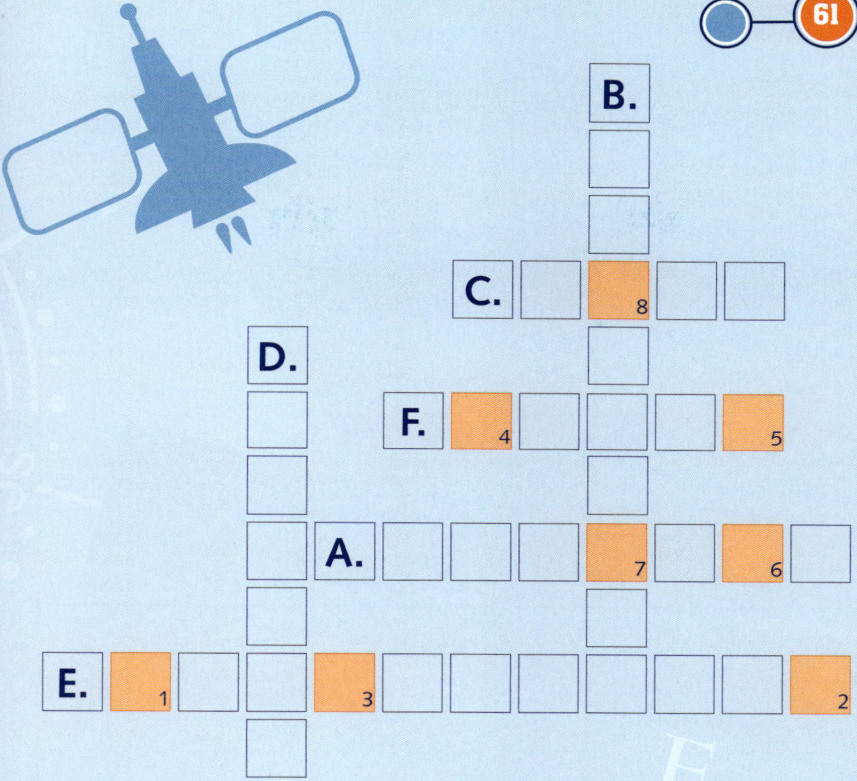

Trage die Lösungsziffern ein:

N 4 6° 1___ 2___ . 3___ 4___ 5___

E 6° 6___ 7___ . 2 8___ 4

Welche beiden Länder grenzen an diesen See?

____

Sudoku

Sudokus sind japanische Zahlenrätsel. In einem Sudoku darf jede Zahl von 1 bis 9 in jeder Zeile, jeder Spalte und in jedem der neun kleinen Quadrate nur einmal vorkommen.
Am einfachsten löst du das Rätsel stückweise: Betrachte entweder eine bestimmte Zeile, Spalte oder ein Quadrat.
Löse die Rätsel. Trage die Zahlen in die markierten Felder ein.

	3	9	7		4		8	
5	10	8	9		3	6	4	2
	4		8	5	2	2	9	6
	5	6		8		9	2	4
4			5	5	9			8
	9	3	8	7		1	5	
9	2	3	1	9	5		7	
9	6	7	3		8	4		5
7	8		6	1	7	2	3	11

N 1__ 2__° 3__ 4__ . 5__ 6__ 0

E 7__ 0° 8__ 9__ . 10__ 11__ 7

Welches berühmte Bauwerk befindet sich an diesen Koordinaten? In welchem Land steht es?

____

(1)	1	(4)	8		7		9	(3)
7	(6)	3	9	6	4	8	(2)	1
9	6		(8)				7	4
3	7		6		1		4	5
1	4		7		2		8	3
6	8		4		9		2	7
4	9	(7)		(5)			1	2
8		1	2	4	6	7		9
	3	(11)	1	(10)	5	(9)	6	

N 1__ 0° 2__ 3__ . 4__ . 5__ 6__

E 7__° 8__ 7 . 9__ 10__ 11__

Welches berühmte Bauwerk befindet sich an diesen Koordinaten?
In welchem Land steht es?

____

Nicht jeder Buchstabe zählt!

Buchstabendetektive aufgepasst! Hier gilt es, eine geheime Botschaft im Text zu entdecken.

TULMNIRRESKBTOEBNRIQ
PJLASVUXALVL!
WSTIQURHJ
TLPRNNEBCFAHFPDERXNLO
USTNPQSRL HDFEJRUPBTNUEML
USYMDH DBSRLPEQGIHC UPBHLDRPE
VFNODXRSB DAUELMRTQ
AVJLYZTMPEDQNZL
SFBCHKHMLEEJUNUNQREJH.
BELITQSRV
NPMARTCLMHQJHABEVHRDF!
DSNEBHIEMNXZ SEJILDMFAOHUNRS

Ist dir etwas aufgefallen? **Tipp:** Nicht jeder Buchstabe ist wichtig. Nur jeder dritte Buchstabe zählt!

TULMNIRRESKBTOEBNRIQ
PJLASVUXALVL!
WSTIQURHJ
TLPRNNEBCFAHFPDERXNLO
USTNPQSRL HDFEJRUPBTNUEML
USYMDH DBSRLPEQGIHC UPBHLDRPE
VFNODXRSB DAUELMRTQ
AVJLYZTMPEDQNZL
SFBCHKHMLEEJUNUNQREJH.
BELITQSRV
NPMARTCLMHQJHABEVHRDF!
DSNEBHIEMNXZ SEJILDMFAOHUNRS

Wie viele unwichtige Buchstaben du der geheimen Botschaft hinzufügst, ist egal. Wichtig ist nur, dass zwischen jedem Buchstaben deiner Nachricht gleich viele unwichtige Buchstaben eingefügt werden.

Finde nun in den beiden Geheimbotschaften heraus, welche Buchstaben dazugehören und welche nicht. Mit einem Bleistift kannst du die unwichtigen Buchstaben durchstreichen.
Trage anschließend die Lösung in das jeweilige Koordinatenfeld ein:

ZLMESWTUWXEKHBGIAJFK
ZLMNQWRUTAESQVXIBDHR
ESWZBIALNDNRVFKSLEMT
ZWBHVWRKTXEZSCVILDFH
NGJQYUXAQVLTBSMLOPRT

N 47° __ . ___

DARSETIE ZVWXEKIA DMRPEBIL
SKIREQBYEZNC ZFWDEGIQ

E 008° __ . ___

Welche Stadt befindet sich bei den Koordinaten? In welchem Land liegt diese Stadt?

___

Brailleschrift

Mit der Brailleschrift oder Blindenschrift können sehbehinderte und blinde Menschen lesen. Der Franzose Louis Braille hat die Schrift 1825 entwickelt. Sie besteht aus in das Papier gepressten Punkten, die mit den Fingern ertastet werden.

Ein einzelner Buchstabe besteht in Brailleschrift aus höchstens sechs Punkten, die in zwei senkrechten Reihen angeordnet sind. Je nachdem, an welchen der sechs möglichen Stellen die Erhebungen in das Papier gepresst wurden, entstehen die unterschiedlichen Buchstaben. Die Punkte, die in der Tabelle schwarz ausgemalt sind, sind in der Brailleschrift als Erhebungen zu ertasten. Dort, wo nur kleine Punkte zu sehen sind, bleibt das Papier flach. Auf die gleiche Art werden auch die Ziffern in Blindenschrift übertragen.

Die Braillezahlen

Die Tabelle auf der rechten Seite zeigt dir zu jeder Ziffer die Punkte-Kombination der Blindenschrift.

Schon gewusst?

Auch für das Geocachen und vor allem für Mystery-Caches eignet sich die Blindenschrift sehr gut als Geheimschrift. Hierbei werden die Punkte natürlich nicht ins Papier gepresst, sondern schwarz ausgemalt.

Die Braillezahlen

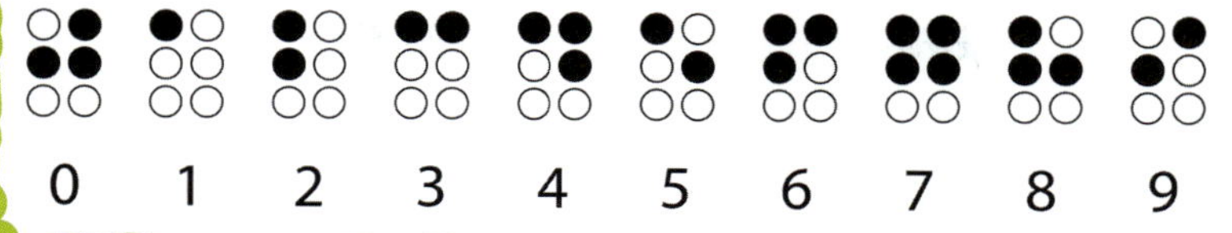

Übersetze die Zahlen aus der Brailleschrift in Ziffern:

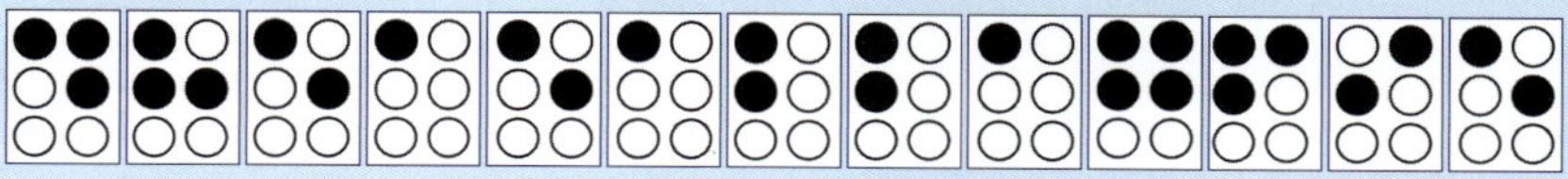

____

Trage nun die Lösungszahlen ein.

N __° __.___

E _° __.___

Welches berühmte Bauwerk befindet sich an diesen Koordinaten?

____

In welchem Land liegt es?

____

Caesar-Verschlüsselung

Eine sehr berühmte Geheimschrift wurde von Julius Caesar vor mehr als 2000 Jahren erfunden. Der Feldherr Caesar und sein Freund Cicero, ein römischer Politiker, schrieben sich viele Briefe. Die Nachrichten waren oft streng geheim. Damit sie nicht von Fremden gelesen werden konnten, dachte sich Caesar eine Verschlüsselungstechnik aus. Jeder Buchstabe im Alphabet wird durch einen anderen Buchstaben ersetzt. Wenn du den Schlüssel kennst, kannst du die Nachricht schnell endecken. Bei Schlüssel 2 wird zum Beispiel jeder Buchstabe durch den übernächsten ersetzt. So wird aus dem A ein C, aus dem M ein O und aus dem Z ein B.

Alphabet

A	B	C	D	E	F	G	H	I	J	K	L	M	N	O	P	Q	R	S	T	U	V	W	X	Y	Z

Geheimalphabet (Schlüssel 2)

C	D	E	F	G	H	I	J	K	L	M	N	O	P	Q	R	S	T	U	V	W	X	Y	Z	A	B

Mit Hilfe dieser Tabelle kannst du nun den folgenden Buchstaben-Salat entschlüsseln (ä, ö, und ü sind nicht verschlüsselt worden:

Jgtbnkejgp Inüemywpuej, fw jcuv fkgug Igjgkouejtkhv xgtuvcpfgp.

____

____

____

Fülle nun die Tabelle mit Schlüssel 13 aus, indem du die Buchstaben je um 13 Stellen nach rechts verschiebst:

Alphabet

A	B	C	D	E	F	G	H	I	J	K	L	M	N	O	P	Q	R	S	T	U	V	W	X	Y	Z

Geheimalphabet (Schlüssel 13)

N																									

Jetzt kannst du folgenden Text problemlos übersetzen und die Koordinaten herausfinden:

a) SHRAS RVAF QERV AHYY QERV FRPUF RVAF

b) AHYY IVRE SHRAS RVAF AHYY

a) ______________________________

____

____

b) ______________________________

____

____

N __ __° __ __ . __ __ __

W __° __ . __ __ __

TIPP Die zusätzlichen Hinweise am Ende einer Cache-Beschreibung sind mit Schlüssel 13 verschlüsselt.

Welche berühmte Brücke befindet sich an diesen Koordinaten? In welchem Land liegt sie?

____

Wörter finden

Finde in den folgenden Kästen die Zahlwörter. In der richtigen Reihenfolge eingetragen (von links oben nach rechts unten), ergeben sie ein Koordinatenpaar.

Ü	O	N	V	R	N	U	L	L
G	Z	F	E	K	T	Ö	N	V
Q	V	I	E	R	T	Ö	N	V
V	T	U	M	V	X	O	K	L
V	I	E	R	A	C	H	T	L
C	H	A	C	H	T	I	L	R
V	I	E	R	E	E	I	N	S
Ü	S	I	E	B	E	N	J	L
O	E	P	Z	A	E	I	N	S
O	Ü	Ö	M	C	R	H	A	F
I	N	S	N	S	E	C	H	S
I	J	N	X	A	T	G	H	I

N 47° __ __ . __ __ __

E 12° __ __ . __ __ __

E	I	N	S	S	P	Ö	M	L
G	D	R	E	I	T	Ö	N	V
N	U	L	L	S	N	R	L	Ö
W	I	C	L	D	R	E	I	N
C	S	E	C	H	S	I	L	R
F	C	H	T	E	Z	W	E	I
V	I	D	R	E	I	C	H	S
I	S	A	C	H	T	E	I	I
E	E	H	I	V	I	E	R	S
O	Ü	D	W	A	N	I	K	L
Ü	N	K	R	E	I	N	S	S
I	J	N	X	Ö	R	P	I	I

N 48° __ __ . __ __ __

E 16° __ __ . __ __ __

In welchem Land liegen diese beiden Caches?

____

Deine eigenen Mystery-Caches

Jetzt bist du dran! Auf den vorigen Seiten hast du viele Möglichkeiten kennengelernt, wie man Koordinaten oder Botschaften verschlüsseln kann. Probier sie doch selbst einmal aus! Suche dir die Koordinaten deines Wohnortes, deines Lieblingscaches oder eines anderen Ortes, der dir gefällt. Verschlüssele die Koordinaten und gib sie deinen Freunden zum Lösen!

TIPP Erfinde doch eine ganz eigene Geheimschrift!

Draußen im Wald

Verhalten im Wald

Als Geocacher bist du oft im Wald unterwegs. Bitte denke daran, dass du den Lebensraum von vielen verschiedenen Tieren und Pflanzen betrittst. Im Wald stehen nicht nur hohe Bäume, hier wachsen auch Sträucher, Blumen, Farne, Moose und Pilze. Achte bei deinem Weg durch den Wald darauf, keine Pflanzen zu zertrampeln und Rücksicht auf die Tiere zu nehmen.

Schon gewusst? Waldtiere sind meist sehr scheu und zeigen sich Menschen gegenüber nur ganz selten. Sie nehmen den Menschen oft schon von weitem wahr und ziehen sich in das Dickicht zurück.

Um Tiere nicht zu erschrecken, solltest du dich ruhig verhalten. Lautes Geschrei scheucht Tiere auf, die sich tagsüber normalerweise im Verborgenen aufhalten oder in ihrem Versteck schlafen.

Sollte ein Cache einmal nicht direkt am Weg liegen, bleibe so lange wie möglich auf dem Waldweg. Wenn du den Weg verlassen musst, renne nicht blindlings durch das Unterholz. Bleib stehen und überlege dir genau, welchen Weg du nehmen willst.

Der kühle Wald lädt an heißen Tagen zu einer kleinen Pause ein, vor allem wenn du schon länger unterwegs bist. Am besten eignen sich dafür Picknickplätze oder eine Sitzbank. Natürlich nimmst du deinen Abfall wieder mit nach Hause und entsorgst ihn dort.

So verhältst du dich richtig

Brich keine Zweige und Äste ab.
An den Bäumen und Sträuchern kann dadurch großer Schaden entstehen.

Geh nicht in das Dickicht.
Im Gebüsch leben Kleintiere und Pflanzen. Ihr Lebensraum kann schnell zerstört werden. Deshalb ist das Betreten des Dickichts unter 2 Meter Höhe nicht erlaubt.

Verhalte dich still.
Vermeide es, im Wald laut zu rufen und wild zu schreien. Die Tiere sollen nicht gestört werden. Nimm die Geräusche des Waldes wahr: das Rauschen der Blätter, das Zwitschern der Vögel, das Summen von Insekten.

Zertritt keine Pflanzen.
Bleib am besten auf den Wanderwegen. Die Pflanzen, auf die du abseits der Wege trittst, sind Lebensraum oder Nahrung wild lebender Tiere.

Iss keine Waldbeeren.
Sie können giftig sein und schwere gesundheitliche Schäden auslösen.

Ritze keine Baumstämme an.
Jeder Schnitt in die Rinde eines Baums ist eine Wunde. Das austretende Harz lockt Schädlinge an. Der Baum kann dadurch in seinem Wachstum behindert werden.

Fass keine Tiere an.
Bei Jungtieren besteht die Gefahr, dass die Mutter oder Elterntiere sie nicht mehr annehmen, wenn diese zuvor von einem Menschen berührt worden sind. Bei zutraulichen erwachsenen Tieren besteht Tollwut-Gefahr. Kein Wildtier lässt sich freiwillig streicheln!

Nimm keine Pflanzen mit.
Im Wald dürfen keine Pflanzen mit der Wurzel ausgegraben werden. Blumen, die nicht unter Naturschutz stehen, kann man pflücken, aber nur ein kleines Sträußchen. Herumliegende Blätter und Tannenzapfen kannst du sammeln.

Mach kein Feuer.
Im Wald ist das Anzünden eines Feuers streng verboten.

Nimm Abfall wieder mit.

Tiere im Wald

Der Rothirsch

Der Rothirsch ist unser größtes heimisches Wildtier. Im September und Oktober findet die Paarungszeit (auch Brunft genannt) statt. Das laute Röhren der Männchen ist in diesen Monaten oft zu hören.

Aussehen:
Männchen meist mit, Weibchen ohne Geweih; rotbraunes Sommerfell, graubraunes Winterfell; kleiner Schwanzwedel

Nahrung:
Gräser, Kräuter, Rinde, junge Triebe

Lebensraum:
große, zusammenhängende Wälder

Fähigkeiten:
Schwimmen, Riechen, Hören

Aktivitäten:
überwiegend in der Dämmerung

Das Reh

Das scheue Reh bevorzugt Gegenden mit dichten Büschen oder Waldränder. Im Winter schließen sich Rehe zu Familienverbänden zusammen. Im Sommer kann man vor allem das männliche Reh (Bock) oft alleine sehen, während das weibliche Reh (Ricke) mit seinem Jungtier (Kitz) durch die Wälder zieht.

Aussehen:

Sommerfell rostbraun, Winterfell graubraun; Männchen mit kleinem Geweih, Weibchen ohne; kein Schwanz

Nahrung:

Kräuter, junge Triebe, Früchte; im Winter Knospen und Rinde

Lebensraum:

Wald, Feld, Wiesen

Fähigkeiten:

Schwimmen, Laufen, Hören

Aktivitäten:

überwiegend in der Dämmerung

Das Wildschwein

Dieser schwere Allesfresser lebt vorwiegend im Familienverband. Zur Nahrungsaufnahme durchwühlen die Wildschweine mit ihrer Schnauze den Boden und hinterlassen große Suhlen. Wildschweine wirken zwar schwerfällig, können allerdings sehr schnell rennen.

Aussehen:

keilförmiger Kopf;
schwarzbraun behaart;
gebogene Eckzähne (Hauer)

Nahrung:

Wurzeln, Knollen, Früchte, Insektenlarven, Würmer

Lebensraum:

Laub- und Mischwälder

Fähigkeiten:

Hören, Riechen, ausdauernd im Rennen und Schwimmen

Aktivitäten:

Tag und Nacht

Schon gewusst?

Wildschweinen gegenüber solltest du im Frühjahr und Sommer (März bis August) sehr vorsichtig sein. In diesen Monaten sind die Jungtiere (Frischlinge) noch klein und werden von ihrer Mutter beschützt. Kommt man der Wildschweinhorde zu nahe, kann die Mutter sehr aggressiv werden. Deshalb gilt hier immer: Ruhig verhalten, auf Abstand gehen und warten, bis die Tiere im Dickicht verschwunden sind.

Der Rotfuchs

Der Rotfuchs ist ein Raubtier und gehört zur Familie der Hunde. Normalerweise lebt der Rotfuchs in Wäldern und buschreichen Wiesen. Manchmal dringt er aber auch zur Nahrungssuche bis in Wohngebiete vor.

Aussehen:

Oberseite meist rotbraun, Unterseite weiß; buschiger Schwanz mit weißer Spitze

Nahrung:

Mäuse, Früchte

Lebensraum:

Wälder und buschreiche Wiesen

Fähigkeiten:

Hören, Riechen, Sehen

Aktivitäten:

Dämmerung und Nacht

Der Feldhase

Außerhalb der Paarungszeit ist der Feldhase ein Einzelgänger. Sein Markenzeichen ist das Hoppeln oder der Hasensprung.

Aussehen:

gelblichgrauer Rücken mit schwarzer Sprenkelung;
Bauch und Schwanzunterseite weiß;
die langen Ohren sind an der Spitze schwarz

Nahrung:

Gräser, Getreide, Feldfrüchte, Rinden

Lebensraum:

Wiese, Feld, Waldgebiet

Fähigkeiten:

schnell und flink

Aktivitäten:

überwiegend in der Dämmerung

Der Dachs

Der Dachs lebt paarweise und streift durch unsere heimischen Misch- und Laubwälder. Zum Unterschlupf gräbt sich der Dachs Erdbaue mit mehreren Eingängen oder nistet sich einfach in einen Fuchs- oder Kaninchenbau ein.

Aussehen:

kurze Beine;
schwarzgrauer Rücken, Bauch und Beine dunkelgrau;
schwarz-weiße Gesichtsmaske

Nahrung:

Allesfresser
(Fleisch und Pflanzen)

Lebensraum:

hügelige Landschaften mit Wald oder genügend Büschen

Fähigkeiten:

Riechen

Aktivitäten:

Dämmerung und Nacht

Das Eichhörnchen

Als großer Kletterkünstler baut sich das Eichhörnchen seine kugeligen Nester hoch oben in Bäumen oder es bewohnt Baumhöhlen.

Schon gewusst?

Wenn ein Eichhörnchen einen Fichtenzapfen vom Zweig abgebissen hat, setzt es sich auf einen Ast und beginnt am unteren Zapfenteil die Schuppen abzureißen. Ausgefranste und angenagte Zapfen kannst du in großer Menge unterhalb des Fressplatzes am Boden liegen sehen.

Aussehen:

rotbraunes bis schwarzes Fell, Unterseite weiß; buschiger Schwanz

Nahrung:

Baumsamen, Nüsse, Beeren, Knospen, Eier, Jungvögel

Lebensraum:

Wälder, Parks, große Gartenanlagen

Fähigkeiten:

Klettern (auch kopfüber), Springen

Aktivitäten:

überwiegend Tag

Der Waldkauz

Es gibt insgesamt über 140 Eulenarten, zu denen auch der Waldkauz zählt. Zu sehen ist er in unseren Wäldern und Parks nur sehr selten, dafür kann man im Frühjahr und Herbst seinem Gesang „hu-u, hu-u-u-u" lauschen.

Aussehen:

braunes oder graues Gefieder, Unterseite etwas heller als die Oberseite

Nahrung:

Mäuse, Fische, Regenwürmer, Schnecken, Käfer

Lebensraum:

Wälder und Parkanlagen

Aktivitäten:

Dämmerung und Nacht

Der Buntspecht

Wie bei den Eulen gibt es auch bei den Spechten viele Arten. Alle haben eines gemeinsam: Sie klopfen mit großer Kraft gegen Baumstämme, um Futter zu finden, Nisthöhlen zu zimmern oder ihr Revier zu markieren. Dies tut auch der Buntspecht.

Aussehen:

schwarzweiß oder roter Nacken; roter Unterschwanz

Nahrung:

Insekten, Baumsamen

Lebensraum:

Wälder

Aktivitäten:

Tag und Nacht

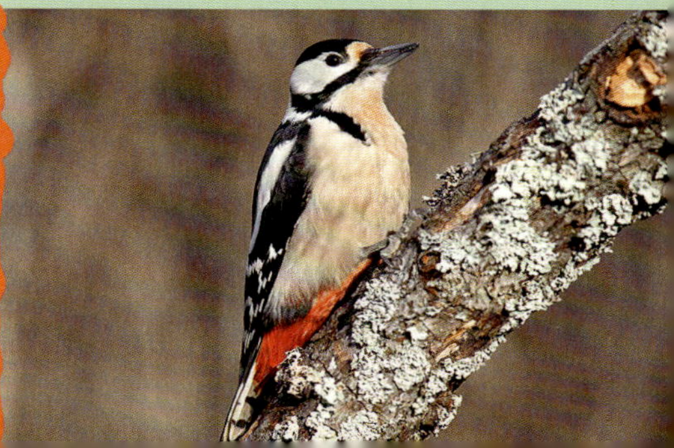

Die Zecke

Die Zecke ist winzig klein und gehört zu den Spinnentieren. Wie die Spinnen besitzen auch Zecken acht Beine. Die vorderen zwei Beine werden jedoch nicht zur Fortbewegung genutzt, sondern sind mit feinen Sinnesorganen und Widerhaken besetzt.

Zecken sitzen vor allem im Gras, Schilf und Unterholz. Wenn ein Mensch oder ein Tier vorbeistreift, nehmen die Zecken Wärme mit ihren Sinnesorganen wahr und klammern sich mit ihren Widerhaken an das Opfer. Hat eine Zecke erst einmal ihr Opfer gefunden, so sucht sie sich eine warme gut durchblutete Hautstelle, saugt sich am Körper fest und kann gefährliche Krankheiten sowohl an Tiere als auch Menschen übertragen. Häufig verbreitet sind die Krankheiten Borreliose und FSME.

Hat sich die Zecke mit Blut vollgesogen, so fällt sie einfach vom Körper ab.

Nach jedem Wald- oder Wiesenbesuch solltest du deinen Körper gut nach Zecken absuchen, bevorzugt werden Achsel- und Kniehöhlen. Hat sich eine Zecke bei dir festgesaugt, ist es wichtig, dass du nicht selbst an ihr ziehst, sondern sie fachgerecht (von einem Arzt) entfernen lässt.

Unser Wald

Der Wald ist ein wichtiger Bestandteil unserer Umwelt, denn Bäume und Sträucher verbrauchen das Kohlendioxid in unserer Luft und produzieren Sauerstoff. Das ist für uns Menschen lebensnotwendig. Außerdem bietet der Wald Lebensraum für Pflanzen und Tiere.
Unterscheiden kann man den Wald in Laub- und Nadelwald. Bei uns gibt es aber kaum Wälder, die nur aus Laubbäumen oder nur aus Nadelbäumen bestehen. Meistens kommen beide Gruppen vor und man spricht von Mischwald.

TIPP Schau dich bei deiner Suche nach Caches auch im Wald um. Welche Bäume entdeckst du? Welche Tiere und Pflanzen?

Laubbäume

Die Eiche

Bei uns heimisch sind Stiel- und Traubeneichen. Sie sind den ganzen Sommer über grün und haben, wenn sie ausgewachsen sind, einen sehr dicken Stamm. Die Blätter sind tiefgrün auf der Oberseite, auf der Unterseite etwas heller. Im April und Mai blüht die Eiche. Ihre Früchte nennt man Eicheln.

Alter:

bis 1000 Jahre

Höhe:

bis zu 40 m

Merkmale:

dicke und tiefe Rinde mit länglichen Rissen; gezackte Blätter, die von unten nach oben hin breiter werden

Die Buche

Sie ist nur im Sommer grün und sehr leicht an ihrer glatten und grauen Rinde zu erkennen. Aufgrund ihrer großen Krone bietet sie im Sommer einen idealen Schattenplatz. Blütezeit ist im April und Mai. Ab einem Alter von 40 Jahren wachsen an ihren Ästen Früchte. Diese Früchte nennt man Bucheckern. Sie sind die ideale Nahrung für Vögel und Nagetiere. Da sie aber leicht giftig sind, solltest du sie nicht essen.

Alter:

bis 300 Jahre

Höhe:

bis zu 45 m

Merkmale:

glatte, graue Rinde;
eiförmige Blätter

Die Birke

Birken sind sehr schnell wachsende Bäume. Auch sie sind nur im Sommer grün. Die Birke steht oft auf freien Flächen und weniger in dicht bewachsenem Wald. Die Blütezeit ist von Ende März bis Ende April und ihre Blüten heißen Kätzchen. Viele Vogelarten benötigen die Knospen und Samen der Birke als Winternahrung.

Alter:

bis 160 Jahre

Höhe:

bis zu 30 m

Merkmale:

weiße, glatte Rinde;
eiförmige Blätter

Nadelbäume

Die Weißtanne

Die bei uns am häufigsten vorkommende Tannenart ist die Weißtanne. Dieser immergrüne Baum trägt an seinen Ästen sehr viele kurze Nadeln, die bis zu 12 Jahre alt werden, bevor sie abfallen. Sie sind an der Oberseite dunkel-, an der Unterseite blassgrün. Zudem wachsen die Nadeln am Ast scheitelförmig und sind weniger spitz als bei der Fichte. Die Weißtanne blüht von April bis Juni. Sie trägt etwas kleinere männliche und etwas größere weibliche Tannenzapfen. Jeder der Zapfen steht aufrecht auf dem Ast. Nach der Samenentlassung zerfallen die Zapfen schon auf dem Baum. Du findest sie also nicht als ganzen Zapfen auf dem Boden.

Alter:

bis 600 Jahre

Höhe:

bis zu 50 m

Merkmale:

stehende Zapfen;
am Ast scheitelförmig wachsende Nadeln;
weich anzufassene glatte Rinde;
nach oben abgerundete Baumkrone

Die Gemeine Fichte

Sie ist in unserer Heimat die einzig natürlich vorkommende Fichtenart. Genau wie die Weißtanne ist auch die Gemeine Fichte immergrün. Die vierkantigen Nadeln sind stechend spitz und werden bis zu 7 Jahre alt. Die Blütezeit ist in den Monaten Mai und Juni im Abstand von drei bis vier Jahren. Dann wachsen schlanke, hellbraune Knospen mit einer kegeligen Form.
Wie bei der Weißtanne gibt es auch hier männliche und weibliche Zapfen, die aber an den Ästen hängen.

Alter:

bis 600 Jahre

Höhe:

bis zu 70 m

Merkmale:

hängende Zapfen;
rund um den Zweig wachsende Nadeln;
sehr rissige Rinde;
spitz nach oben laufende Krone, hat die Form eines Kegels

Kiefer

Wie bei vielen Tieren und Pflanzen gibt es auch bei den Kiefern verschiedene Arten. Manche davon wachsen als Bäume, einige auch als Strauch. Anders als bei der Weißtanne und der Gemeinen Fichte hat die Kiefer keine kurzen, sondern sehr lange und spitze Nadeln, die selten alleine stehen und rund um den Zweig wachsen.
Die weiblichen und männlichen Zapfen reifen zwei bis drei Jahre lang. Nachdem sie ihre Samen abgegeben haben, fallen sie als Ganzes ab.

Alter:

bis 1000 Jahre

Höhe:

teilweise über 50 m

Merkmale:

hängende Zapfen;
graugelbe bis fuchsrote Rinde, die aus papierdünnen Schuppen besteht (man nennt diese Rinde auch „Spiegelrinde"); sehr harzig

Anhang

Lösungen

Beispiel
Brandenburger Tor, Deutschland, Berlin

Spiegelbild
N 47° 42.274 und E 009° 29.956
Antwort: Friedrichshafen, Bodensee

Kreuzworträtsel
A. Logbuch
B. Travelbug
C. Nano
D. Muggel
E. Breitengrad
F. Fuenf

N 46° 24.966 und E 6° 32.214
Antwort: Schweiz, Frankreich

Sudoku
N 43° 43.379 und E 10° 23.797
Antwort: Schiefer Turm von Pisa, Italien

N 50° 56.472 und E 6° 57.497
Antwort: Kölner Dom, Deutschland

Nicht jeder Buchstabe zählt!

ZLMESWTUWXEKHBGIAJFK
ZLMNQWRUTAESQVXIBDHR
ESWZBIALNDNRVFKSLEMT
ZWBHVWRKTXEZSCVILDFH
NGJQYUXAQVLTBSMLOPRT

DARSETIE ZVWXEKIA DMRPEBIL
SKIREQBYEZNC ZFWDEGIQ

N 47° 22.120 und E 008° 32.372
Antwort: Zürich, Schweiz

Brailleschrift

N 48° 51.512 und E 2° 17.695
Antwort: Eiffelturm, Frankreich

Caesar-Verschlüsselung

Lösungssatz: Herzlichen Glückwunsch, du hast diese Geheimschrift verstanden.

Tabelle mit Schlüssel 13

N	O	P	Q	R	S	T	U	V	W	X	Y	Z	A	B	C	D	E	F	G	H	I	J	K	L	M

a) FUENF EINS DREI NULL DREI SECHS EINS
b) NULL VIER FUENF EINS NULL

N 51° 30.361 und W 0° 4.510
Antwort: Tower-Bridge, Großbritannien

Wörter finden

Ü	O	N	V	R	N	U	L	L
G	Z	F	E	K	T	Ö	N	V
Q	V	I	E	R	T	Ö	N	V
V	T	U	M	V	X	O	K	L
V	I	E	R	A	C	H	T	L
C	H	A	C	H	T	I	L	R
V	I	E	R	E	E	I	N	S
Ü	S	I	E	B	E	N	J	L
O	E	P	Z	A	E	I	N	S
O	Ü	Ö	M	C	R	H	A	F
I	N	S	N	S	E	C	H	S
I	J	N	X	A	T	G	H	I

N 47° 04.488 und E 12° 41.716

E	I	N	S	S	P	Ö	M	L
G	D	R	E	I	T	Ö	N	V
N	U	L	L	S	N	R	L	Ö
W	I	C	L	D	R	E	I	N
C	S	E	C	H	S	I	L	R
F	C	H	T	E	Z	W	E	I
V	I	D	R	E	I	C	H	S
I	S	A	C	H	T	E	I	I
E	E	H	I	V	I	E	R	S
O	Ü	D	W	A	N	I	K	L
Ü	N	K	R	E	I	N	S	S
I	J	N	X	Ö	R	P	I	I

N 48° 13.036 und E 16° 23.841
Antwort: Österreich

Worterklärungen

Attribute
Attribute sind einfache Symbole, die Auskunft geben über den Schwierigkeitsgrad eines Caches und des Geländes, in dem er versteckt ist. Anhand der Attribute kannst du deine Suche gut vorbereiten.

Coin / Geocoin
Eine Coin ist eine Münze, die mit einer sogenannten Trackingnummer versehen ist und in Caches versteckt wird. Die Nummer besteht aus einer Kombination aus Zahlen und Buchstaben. Die Nummer hilft dir, die Reise deiner Münze von einem Cache in einen anderen zu verfolgen. Manche Geocoins haben bestimmte Ziele, an die sie reisen sollen.

Datenbank
Eine Sammlung großer Datenmengen, die miteinander in Verbindung stehen (zum Beispiel Cache-Beschreibungen). Die Organisation der Daten läuft über eine Software.

Einloggen
Die Anmeldung auf einer Geocaching-Internetseite mit deinem Nicknamen und deinem Passwort.

GPS-Gerät / GPS-Empfänger
Mit einem GPS-Empfänger erhältst du unter freiem Himmel deine Position als Koordinate. Du kannst dir damit auch die Entfernung und Richtung zu einem bestimmten Punkt anzeigen lassen. Ist das Gerät mit einer Karte kombiniert, führt es dich zu einer bestimmten Adresse oder einem Geocache.

Koordinate
Mit Koordinaten wird die genaue Lage eines Ortes auf der Erde angezeigt. Das Brandenburger Tor in Berlin hat beispielsweise die Koordinaten N 52° 23.973 und E 13° 2.886.

Logbuch
Das Logbuch befindet sich im Cache-Behälter. In das Logbuch trägst du deinen Nicknamen und das Datum deines Fundes ein.

Login-Bereich
Feld auf der Geocaching-Internetseite. Dort trägst du deinen Nicknamen und dein Passwort ein.

Muggel
Alle Menschen, die nichts mit dem Hobby Geocaching zu tun haben.

Nickname
Geheim- oder Fantasiename. Mit diesem Namen meldest du dich auf der Geocaching-Internetseite an und trägst dich im Logbuch eines Caches ein.

Owner
Der Owner versteckt einen Cache und erstellt auf der Geocaching-Internetseite die Beschreibung dazu. Sollte es Probleme mit dem Cache geben, kannst du ihm eine E-Mail schreiben.

Travelbug
Ein beliebiger Gegenstand (zum Beispiel Spielzeugauto, Murmel, Kuscheltier), an dem sich eine Plakette mit einer Nummer befindet. Travelbugs haben oft bestimmte Ziele oder eine festgelegte Reiseroute, die im Internet verfolgt werden kann.

Register

Bildnachweis

o = oben, u = unten, m = mitte

Istock: Umschlag: kshishtof, Pavel Konovalov, Dmitry Merkushin, mart_m; Hintergrund 2–3, 15, 33, 43, 49, 57, 73–91: Pavel Konovalov; Hintergrund 2–5, 8–11; 14–24, 28–51, 55–72, 92–100: Dmitry Merkushin; 8 Reinhardt Altmann; 15 Jaimie Duplass; 80 Andy Gehrig; 83o gary forsyth; 83u Handrik Fuchs; 86 AVTG; 87o AVTG; 89 Alexander Dunkel

Fotolia: 7 gunnar3000 / fotolia.com; 9 philipk76; 11 Visual-Stock; 12m cpauschert; Hintergrund 12–13, 25–27, 52–54: Alexander Zahm; 22 Micahel Nechaev; 10, 21, 28, 38, 49, 92 Anikakodydkova; 34 aamon; 36 Miredi; 39 .shock; 44 Anikakodydkova; 45 cult12; 66 connfetti; 67 cristi180884; 73 wojciech nowak; 79 12qwerty; 82 seawhisper; 84 Butch; 85 Inga Nielssen; 87u yanikap; 91 biker3

Pitopia: 31 Andreas Fettig; 33, 53 Dieter Pregizer

Sven Alender: 24, 28, 29, 41, 43, 57, 59

Courtesy of Groundspeak, Inc. (Geocaching.com): 25–26, 27u

The Geosociety of America: 27o

Ann-Katharina Feist: 46

Mauritius: 88 mauritius images/CuboImages

Pixelio: 90 Dieter Schütz / pixelio.de

Dr. Eckart Pott, Stuttgart: 76

Manfred und Susanne Danegger, Billafingen: 77, 81

JUNIOR / Juniors Tierbildarchiv, Ruhpolding: 78

100

Bibliografische Information der Deutschen Nationalbibliothek
Die Deutsche Nationalbibliothek verzeichnet diese Publikation in der Deutschen Nationalbibliografie. Detaillierte bibliografische Daten sind im Internet über **http://dnb.d-nb.de abrufbar.**

3 2 1 15 14 13

Texte: Sven Alender, Kathrin Stauber
Gestaltung und Satz: Werbeagentur Sabine Dohme
Umschlaggestaltung und Illustration:
dieBeamten.de / Anja Langenbacher und Reinhard Raich
Printed in Germany

ISBN 978-3-473-55350-1

www.ravensburger.de